流行音樂專業
音響概論

中華數位音樂科技協會　著

高級中等教育階段學生學習歷程資料庫

證照代碼：02X2

前言

現今生活當中無論何處都存在著音響，源自於人類發展的需求，從古代開始，人類為了爭奪資源，常常會發生戰爭，各方主帥都需要即時指揮調動兵力佈局，以達到最佳有利的陣勢，因應瞬息萬變的局勢，以求得勝利，指揮系統只能依賴號角及戰鼓，將作戰指揮資訊傳遞到前方，數千年來皆如此，一直到了 18 世紀，發現了電力及應用方式，人類社會才進步的飛速，從 19 世紀 1877 年發明了滾筒式留聲機，1878 年發明了碳粉式麥克風，到 1893 年發明了無線電報的使用，進而到 1911 年發明了年首款動圈式揚聲器，直到 1919 年美國總統伍德羅‧威爾遜在一次公開演講中使用了擴音技術，演講的效果表現非常成功，自此之後奠定了廣播擴音使用需求，而後擴大普及，所有的音響行業發展，也隨著工業技術的進步，加上研究及產業科技的突破，伴隨著人們的消費性需求，發展至現今的程度，而其中人類經歷了兩次的世界大戰，在擴音領域裡更是扮演著加速催化的角色。

從 19 世紀進入了 20 世紀，在現代科學及音響領域當中有一家公司一定要介紹各位認識，那就是 Western Electric（美國西電公司），成立於 1869年，最為知名的就是亞歷山大‧格雷厄姆‧貝爾（Alexander Graham Bell）先生，他主持的貝爾實驗室不但是最早發明電話（1876 年）並將它應用在人類社會的先驅，還最先定義出聲音計量單位（dB），舉凡有線通訊，無線電，錄音技術，真空管，電晶體，到衛星通訊及太陽能電池，每一項發明都對人類社會文明有著重大幫助，對近代的科技發展領域有著深遠的影響。

前段只是技術的發展，為早期電影錄音及擴音帶來新技術，藝術作品才得以普及推廣，隨著時代人們對於聆聽需求提高，廣播的技術才發展起來，與現代的音響服務娛樂產業相關的，應該算是第一場披頭四（The Beatles）於 1965 年在紐約的謝亞球場（Shea Stadium）的大型戶外演唱，現場擠進了超過五萬五千名的觀眾，僅有的擴音系統並不能滿足這麼多觀眾的聆聽與表演者的監聽，自這場演唱會之後，音響技術上才有了聲音強化（Sound Reinforcement，簡稱 SR），與公共廣播（Public Address，簡稱 P.A.）的區別，各家廠商也大量投入研發相關的設備，以符合高品質聆聽的需要，從類比（Analog）演進到數位（Digital）時代，音響技術一直伴隨著藝術文化與娛樂表演需求做演進，也因為數位網路化的關係，改變了閱聽眾的收聽習慣，不過我們相信，未來技術再如何演進，只要人們有聆聽的需求，音響行業就能夠持續發展，這個行業需要您的加入才能夠讓未來持續進步。

目錄

CHAPTER 01 音響基礎概論

CHAPTER 02 設備知識

CHAPTER 05 設備使用與應用

附錄

CHAPTER **01**

音響基礎概論

1-1
活動用音響產業介紹

一、音響存在的目的

傳達訊息

自古至今，人類社會靠團體合作才能共同發展，合作需要靠溝通，大家才能齊心齊力，促進發展，從有音響行業開始，承擔著將訊息透過演說或是音樂的形式，使更多人聆聽到，如何將主講演說或是音樂創作完整的傳達給聽眾，就是我們接下來探討的課題，本書將從基礎音響的技術面，來讓各位認識。

音效強化

PA（Public Address）擴音：公共廣播的意思，這個名詞由國外演進而來，在 70 年代以前，音響系統幾乎都是純擴聲，旨在大範圍區域廣播聲音訊息，隨著時代科技演進，科學家不斷的發明與改良，電子技術與聲學理論的進步，直到戶外擴聲系統無法滿足觀眾以及表演者監聽的需求，才衍生出 SR 的概念。

圖 1-1-1 鐵吹喇叭

SR（Sound Reinforcement）聲音強化：旨在追求擴聲音響上更完整平順的頻率響應、更大功率的喇叭輸出、更清楚忠實的監聽技術，最重要的是──各個位置的觀眾區音壓和頻率響應差距能最小化。使買票入場的觀眾都能得到平均的聆聽享受；演出者也能得到清楚的監聽照顧。

經過披頭四搖滾樂團爆紅後，演唱會規模越來越大，開始發展出監聽系統、喇叭使用分音的方式尋求更高的效率，擴聲從 PA 漸漸轉化為 SR 的概念。

隨著娛樂產業的成熟發展，音響行業朝著規範化及科技化演進，音響知識能日漸普及，產業從事工作的人員素質提升，培育出優秀的人才：這些是我們共同努力的方向，這個行業需要大家共同努力才能使它更好。

二、為何需要擴聲

人類史上的種種偉大發明，都因文明有某種需求，而促成了科技的發展和進步，擴聲音響亦然，最開始就是因為有群眾溝通、傳達訊息的需求，才慢慢開始有了擴聲音響的研究和發明。從軍事用途、公共場所廣播到難度最高的，「要好聽又要大聲」的音樂演出擴聲系統。擴聲音響科技，隨著人類文明對此有更大的需求和更好的要求，漸漸有了更上層樓的發展。

三、活動用擴聲音響產業分工

一場活動中，可能有導演組、行政組、硬體組等等分工，我們針對其中的音響組來做完整的分工介紹。現場擴聲音響場域分工中，分為以下幾種：

P.A Engineer 、Front Of House（FOH）外場音響工程師

大型演唱會音響工程，通常會分為內場（監聽）與外場兩種不同的音響工程師，分別混音給演出者與觀眾聽，兩種混音會有很大的分別，其中，外

場音響師（常簡稱 House、FOH）就是把編曲美感和歌曲的藝術價值重現給觀眾，面對動輒兩三千人的耳朵考驗，是十分有壓力和難度的工作；是最需要藝術音樂素養的工程師職位。

圖 1-1-2

Monitor Engineer 內場（監聽）音響工程師

如上所述，監聽音響師（常簡稱 Monitor）會混音給演出者聆聽，不同於外場音響師，此時混音的好聽程度或個人美感就不是第一要素，而是如何能讓演出者舒服自在地進行演奏、演唱。

圖 1-1-3

Outdoor Broadcast Engineer 戶外轉播成音工程師

除了上述兩位音響師之外,通常只要有
網路直播、電視轉播等等需要另外的混
音,就會需要轉播成音工程師(常簡稱
O.B.),與外場音響師不同之處在於,轉
播成音工程師不能依賴現場的樂器直接
音和現場強大的音響系統,而是要為幾
千里外電視機、電腦前的閱聽眾預設立
場,做出連一般電視、電腦喇叭聽起來
都好聽的混音;同時也要考慮如何將現
場演出氣氛帶給看轉播的閱聽眾,通常
會另外架設觀眾收音麥克風或環境收音
麥克風來補足現場歡呼聲和環境音。

圖 1-1-4

Live Recording Engineer 現場錄音工程師

現場錄音師通常出現於需要製作演唱會 DVD 或其他製作物的演出活動,他
會將演出的原始分軌盡可能完整、且完美地錄製,方便之後做後製剪接和
混音。

圖 1-1-5

System Engineer 音響系統工程師

現場演出中掌管音響系統喇叭和各種設備安裝的工程師，利用軟硬體儀器和他的豐富經驗對場地進行事前設計和實地測量，負責指揮音響團隊架設一個完整並音壓涵蓋和頻率響應都符合需求的音響系統，讓演出活動中的音響工程師有完善舒適的音場可以進行混音，進而讓活動更臻完美。

圖 1-1-6

Stage Engineer 舞台工程師

舞台工程師負責管理所有舞台上的音響器材，像是樂器收音麥克風的架設指揮、依照軌道列表把訊號線正確連接或演出者的麥克風遞送等等任務，以及在執行節目流程時準確「指揮交通」。最重要的是「計畫永遠趕不上變化」，舞台工程師必須有非常優異的危機處理能力，當意外發生時，不管是器材問題還是人為疏失，都要臨危不亂地做出正確判斷，讓活動能順利進行。好的舞台工程師可以讓外場和監聽音響師放心地對自己的工作任務負責。

圖 1-1-7

Wireless Engineer　無線系統工程師

面對音響設備科技的進步，活動現場越來越多無線設備出現，從無線麥克風、無線監聽、無線樂器導線到燈光系統的無線訊號傳輸等等，從而衍生出這位無線系統工程師，他的工作就是隨時觀測、調整無線訊號，目標是所有無線音響設備都能穩定、不受干擾。

圖 1-1-8

其他

音響工程這個大領域中還有各種不同的工作人員，我們取以上七種常見的主要現場工作做介紹，但我們要記得的是，只有他們幾位是絕對完成不了一場大型演唱會的，這些活動都是眾志成城的結果，記得一定要由衷感謝所有工作人員的辛勞和付出，因為少了任何一位工作人員的努力和專業，就可能讓演出活動出現差錯或危險。

四、音響公司工作流程概述

音響公司或大或小，有各種不同的工作方式和流程，我們以常見的音響公司活動工作流程，一一做介紹。

1. 業務接案

通常音響公司會由業務人員負責活動接案，細節包括：器材報價、前置會議、成本考量、行政事務對接等等。通常業務人員的專業與否是一家音響公司能不能永續發展的關鍵之一，他需要在成本計算和客戶利益之間做最佳權衡，尤其我國產業環境中經營者常受制於人情壓力，專業的業務人員總能與客戶維持好的合作關係，卻又能讓公司爭取到合理的利潤。

圖 1-1-9

2. 器材整備

業務完成接案手續、簽訂合約之後，活動進場日的前幾天，倉庫管理人員會針對活動內容或業務人員編列的器材清單，進行器材整備工作，除了將活動所需器材備齊之外，還需確保使用之器材功能正常無虞。音響工程產業器材細節、零配件眾多，只要有損壞或缺少零配件，就可能導致一場活動的不順利。

圖 1-1-10

3. 設備運送

活動進場日當天由貨運人員將器材疊上貨車,確保設備不會因貨車移動而墜落,將設備安全、準時地運送至活動場地。除了進場之外,也要注意活動結束時間、撤場時間,安排調派貨車將設備安全接回倉庫。

圖 1-1-11

4. 音響安裝

設備運送至活動場地後,開始進行設備安裝。裝台時間通常場地會有非常多不同單位的工作人員忙進忙出,趕著安裝自己的設備,工作人員必須非常注意自身和同事的工作安全,避免受傷。除了基本的器材架設之外,音響公司的音響系統工程師必須針對場地進行音響系統建立與校正,將音響系統調整至節目執行人員指定的可用狀態。

圖 1-1-12

5. 節目執行（彩排 · 演出）

通常會有該活動合作的音響工作人員來做節目執行，在與音響公司交接使用器材之後，就由節目執行人員進行技術彩排、節目彩排、節目演出等。對於音響公司來說，只要沒有因為自家的器材出問題而影響活動流程，就是安全過關了；而現場執行的活動音響組就擔負起節目進行中的所有音響技術執行，兩者之間需要密切合作和建立互信。

圖 1-1-13

6. 音響拆除

在活動結束後，活動音響組須與音響公司進行器材使用後的清點交接，確保沒有設備損壞或不見蹤影，通常最需要確認的是體積小又價格昂貴的麥克風、無線監聽接收機等等。設備撤除時與安裝時一樣，現場所有不同單位的工作人員都趕著撤收自己的器材，才能快點下班，現場會十分混亂，需要思考如何能最有效率、又安全無虞地順利進行器材拆除、撤收。

圖 1-1-14

7. 活動結案

現場設備順利撤回倉庫之後，倉庫管理人員會進行細部的器材清點，確認所有音響設備都有順利回到倉庫。所有活動流程結束之後，公司的行政人員會進行行政結案，包括公司發票開立、與客戶請款等結案事項。

圖 1-1-15

1-2
基礎音響系統

音響系統，大至大型演唱會的音響系統，小至一般家庭中的卡拉 OK 音響系統，其實其中的訊號邏輯都是大致相同的。

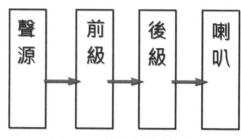

圖 1-2-1 簡易音響系統圖

一、聲源

聲源包含常見的麥克風、樂器導線，或是外部音源（電腦、手機、電視音源）等等，此時的動圈麥克風和特定樂器，因為訊號還沒放大至可用的電壓，所以需要將訊號接入前級放大器做訊號放大與訊號處理。

二、前級

前級放大器最重要的功能是將動圈麥克風與特定樂器的小電壓訊號放大後方便做處理，將 Mic Level 麥克風準位提升到 Line Level 線性準位，使所有輸入軌道的電壓趨於一致。一般家庭音響系統可能只會有簡單的音量鈕和等化器供使用者調整音量和音色。較為專業的音響系統，在混音器的前級放大後就會有各種不同混音功能，包括動態處理器、等化器、效果器等等，這些會在之後的課程做較為詳細的介紹。

三、後級

經過了前級放大和混音調整過後，音響系統需要將訊號傳輸至後級擴大機，後級擴大機負責將聲音訊號再次放大成喇叭揚聲器需要的大電壓訊號，從而推動喇叭發出聲音。

四、喇叭

訊號經過後級擴大機後，將大電壓訊號輸送至喇叭，喇叭接收電壓之後透過動圈振動空氣來製造出人耳聽得到的聲音。

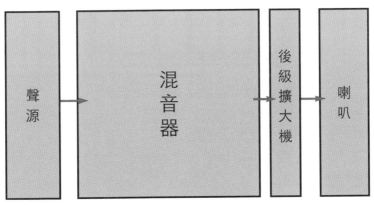

圖 1-2-2　基本音響系統圖 1

簡單介紹完簡易音響系統後，我們來看看一般活動音響行業中的基本音響系統和器材吧！如果將圖 1-2-2 再剖析得更細節的話就會如圖 1-2-3：

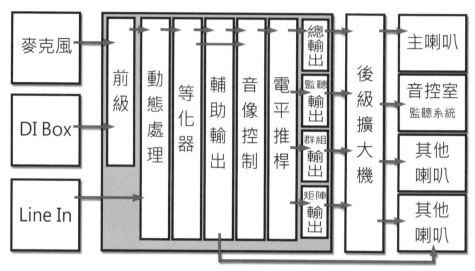

圖 1-2-3 基本音響系統圖 2

在之後的課程章節中，將會詳細介紹以上不同設備及其功能。

重點補充

電聲訊號準位匹配

在專業聲音工程領域中，常常會看到 Mic Level（麥克風準位）和 Line Level（線性準位），這兩個詞彙究竟是代表什麼呢？

所謂的 Mic Level 是指麥克風透過聲轉電之後轉換出來的微小電壓準位，通常約略只有 -60 ～ -40dBu，也就是大約 0.0008 伏特到 0.008 伏特的電壓。

Line Level 訊號則是電子播放器、電子樂器等等設備輸出的準位，通常約略會有 -8 ～ +4dBu，也就是大約 0.3 伏特到 1 伏特的電壓。

像 Mic Level 這個極小的電壓訊號在混音器或處理器中很難做處理和調整，故在混音前，需要透過前級放大器將 Mic Level 訊號放大至 Line Level，以利後端設備的訊號轉換和處理、混音。

1-3
音響系統架設與操作

我們將在這個章節介紹音響系統中常見的設備、器材和零配件。

一、設備

▍麥克風

麥克風是一般音響工程領域中最常見的聲源，它負責將各種聲音藉由電路轉換為可以經由線路傳輸的電壓訊號，又稱聲轉電，通常依照聲轉電原理不同，分類為動圈式麥克風、電容式麥克風等等，其中又以動圈式麥克風最為普遍。

圖 1-3-1

DI Box 阻抗匹配器

DI box 是除了麥克風之外最常見的舞台聲源之一，它能將 Line In 樂器（常見如：電貝斯、電鋼琴、合成器……）的訊號從高阻抗轉為低阻抗，將非平衡訊號轉為平衡訊號，以利長距離傳輸，否則，試想若將非平衡的樂器導線拉長至 30 公尺，聲音訊號到達控台後，不利阻隔雜訊干擾的非平衡導線中幾乎只會剩下無法使用的雜訊聲音。

圖 1-3-2

音響混音器

音響混音器是能將所有聲源集合匯整起來做電壓（音量）準位調整、音色修整、整體混音、路徑設定並輸出的機器，通常集大量訊號處理器於一身，屬音響工程中最精密的機器之一。

圖 1-3-3

█ 後級擴大機

後級擴大機將經過混音器的聲音訊號放大後推動喇叭，它通常需要較大的電流來完成放大工作，所以也是音響工程中最耗電的機材之一。

圖 1-3-4

█ 喇叭（揚聲器）

經過後級擴大機的推動之後，由喇叭發出聲音，完成電能轉聲能的工作。

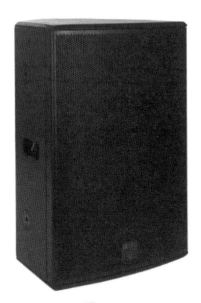

圖 1-3-5

二、線材

在認識線材前,要先介紹聲音訊號線的平衡和非平衡的概念,如圖 1-3-6,非平衡訊號線通常只有兩條線芯,分別是正相線(實線)與接地線(虛線),而平衡訊號線則會有正相線(實線)、負相線(第二條實線)與接地線(虛線)。平衡式線材的抗雜訊干擾能力比較強,接口電路會送一個反相訊號給訊號線,在另一端的接口電路再做一次反相,將傳輸路徑中受外部干擾的雜訊利用相位抵銷原理加以消除。

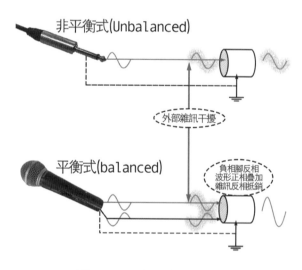

圖 1-3-6 平衡與非平衡式傳輸

三、接頭認識

XLR

因其最早由 Cannon 公司發行的緣故,XLR 接頭又俗稱為 Cannon 接頭,是最常見的麥克風用接頭,內部有三支針腳,可用於平衡式傳輸(正相、負相、接地)或雙聲道非平衡傳輸(左聲道、右聲道、接地)等等用途。以

平衡傳輸為例，主流的腳位接點為：2 腳正相、3 腳負相、1 腳接地，如圖
1-3-7，此為美國的規範；有時也能看到歐洲的規範：3 腳正相、2 腳負相、
1 腳接地；以立體聲傳輸為例，主流的腳位接點為：2 腳左聲道、3 腳右聲
道、1 腳接地。

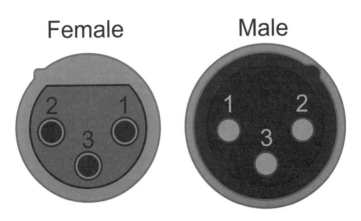

圖 1-3-7 XLR 訊號接頭

圖 1-3-8 XLR 訊號線

TRS

由於早期是電話轉接接線用的標準接頭，TRS/TS 接頭又俗稱為 Phone Jack，TRS 的三個英文字母分別是 Tip、Ring 和 Sleeve，也就是 TRS 的三個腳位接點；TS 則是兩個接點的接頭，TRS 可用於平衡式傳輸或雙聲道非平衡傳輸等等用途。以尺寸區分的話又分為 6.3mm（1/4"）、3.5mm 和 2.5mm 的款式。以平衡傳輸為例，TRS 接頭主流的腳位接點是：Tip 為正相、Ring 為負相、Sleeve 為接地；以立體聲傳輸為例，主流的腳位接點是：Tip 為左聲道、Ring 為右聲道、Sleeve 為接地。

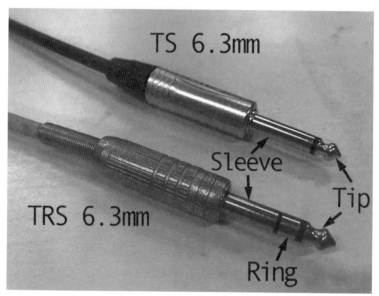

圖 1-3-9 6.3mm TS 和 TRS 訊號接頭

除了圖 1-3-9 的 6.3mm 線頭之外，市面上也常見到 3.5mmTRS 或 TRRS 作為耳機接頭使用，此時的 TRS 就是作為非平衡立體聲使用，而 TRRS 則是作為立體聲加麥克風收音，如圖 1-3-10 所示，在購買或使用接頭時，務必確認它的腳位接點數量及其定義。

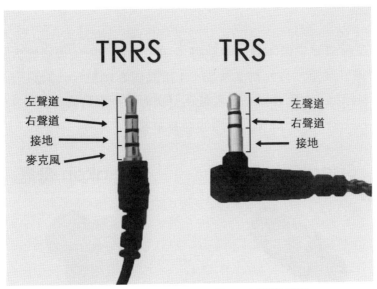

圖 1-3-10　3.5mm TRRS 和 TRS 訊號接頭

| RCA

俗稱為梅花頭，為兩接點的接頭，只能作為非平衡傳輸，早期也常做為視訊訊號的傳輸接頭，若是常見的紅白兩色雙聲道連接線，紅色為右聲道、白色為左聲道。

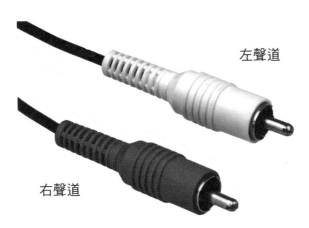

圖 1-3-11　RCA 訊號接頭

Speakon

現今音響工程領域中最常見的喇叭線接頭,也就是連接後級擴大機與喇叭揚聲器的線材接頭,有分為 2 接點、4 接點與 8 接點,一般只要 2 接點就能順利傳輸訊號,4 或 8 接點通常是為一次傳輸多個訊號,例如:低音喇叭加高音喇叭或單一喇叭的中音單體和高音單體。

Speakon 公頭　　　Speakon 母座

圖 1-3-12　Speakon 喇叭線接頭

重點補充

音響回授 Feedback

在教室課堂中,當授課老師的手持麥克風或耳掛迷你麥克風音量太大聲時,會「叫」,產生刺耳的嘯叫聲,這是為什麼呢?這是因為當麥克風音量太大或擴聲喇叭音量太大時,喇叭放出了麥克風的聲音,麥克風收音又收到了喇叭的聲音,產生了訊號的無限迴圈,迴圈的累積之下,就產生了回授 Feedback,這是專業擴聲音響工程中,最常見、也最需要解決的問題之一。

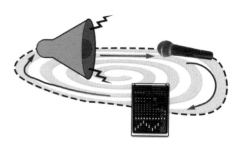

圖 1-3-13　回授示意圖

CHAPTER

設備知識

2-1
麥克風（Microphone）與阻抗匹配器（Direct Box）

一、麥克風介紹

麥克風的運作原理，是將聲音訊號轉換成電壓，電壓訊號才能在音響系統中被使用，簡而言之即為，聲波的振動（動能）被麥克風接收後，進而轉換為電壓（電能）。

A. 麥克風基本分類

動圈式（Dynamic）

當振膜受到聲波壓力的振動時，線圈開始在磁場中移動，進而產生感應電流。通常動圈式麥克風因為含有線圈及磁鐵，不如電容式麥克風輕便，靈敏度也較低，高頻響應表現差。圖 2-1-2 為動圈麥克風的基本構造。

圖 2-1-1　動圈式麥克風

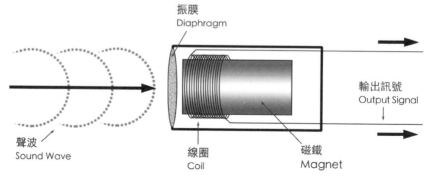

圖 2-1-2　動圈麥克風構造圖

電容式（Condenser）

圖 2-1-3　電容式麥克風

電容式麥克風沒有線圈及磁鐵，由電容的兩片隔板距離之改變而造成電荷量改變，進而聲轉電並傳輸至電聲線路中。

由於電容的特性須給予固定電壓才能工作，因此電容式麥克風需供電，一般由電池或幻象電源（Phantom power）供電。電容式麥克風靈敏度高，用於高品質的收音。圖 2-1-4 為電容式麥克風的基本構造。

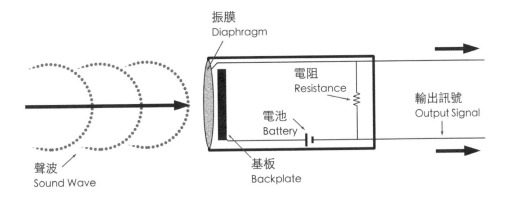

圖 2-1-4　電容麥克風構造圖

▌鋁帶式（Ribbon）

鋁帶式麥克風又稱為絲帶式麥克風，於兩磁鐵中放置一個波浪狀鋁帶，當聲波振動鋁帶時，產生感應電流。由於鋁帶的兩面都能接收到聲波的振動，因此鋁帶式麥克風為雙指向（Bi-directional）。此種麥克風的訊號很小。圖 2-1-6 為鋁帶式麥克風的基本構造。

注意：早期的鋁帶式麥克風不能使用幻象電源，現已有發展需要幻象電源才能使用的鋁帶式麥克風，使用上務必先閱讀麥克風的使用手冊。

圖 2-1-5 鋁帶式麥克風

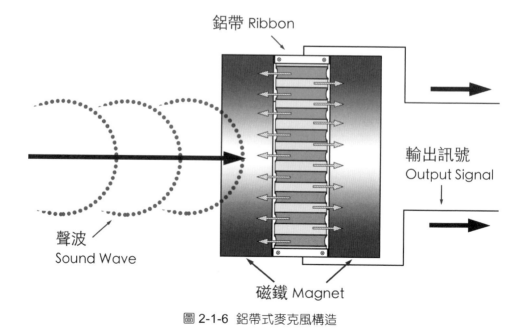

圖 2-1-6 鋁帶式麥克風構造

碳粉式（Carbon）

碳粉式麥克風的主要構造為：振膜、碳粉。當聲波振動振膜時，碳粉受到擠壓，使得阻抗降低，進而產生感應電流。舊式電話的話筒被廣泛使用，現今已少見。

B. 麥克風基本規格介紹

頻率響應（Frequency Response）

頻率響應是麥克風在各個頻率的表現曲線圖，通常電容式麥克風的頻率響應曲線會比較平坦。頻率響應圖通常能在原廠附上的麥克風規格表中找到，範例如圖 2-1-8：

圖 2-1-7 碳粉式麥克風

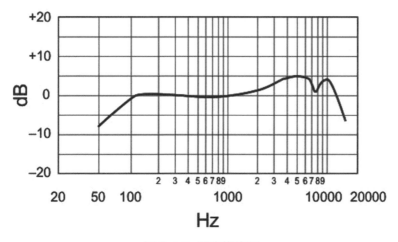

圖 2-1-8 頻率響應圖

輸出阻抗（Impedance）

輸出阻抗越低越好，阻抗越高越需要更大的增益來得到足夠的電壓。

靈敏度（Sensitivity）

所謂的靈敏度是聲能轉電能的效率。

靈敏度的單位是 毫伏特 mV/ 帕 Pa 或伏特 V/ 帕 Pa，意思是放送 1 帕的音壓（94dB SPL）給麥克風，它能轉換出來的訊號電壓大小。

訊噪比（S/N Ratio）

訊號雜訊比，或稱為信噪比，麥克風的「訊號噪音比」（Signal / Noise），指的是音壓訊號與自我雜音的比例。

訊噪比越高代表表現越好；反之，訊噪比越低則表現越差。

最大承受音壓（MAX. SPL）

指的是麥克風收音開始失真時的音壓。

通常大震膜麥克風的承受音壓較大，例如專門設計給大鼓收音的麥克風。

指向性（Polar Pattern）

- 全指向 (Omnidirectional)

- 心型指向 (Cardioid)

- 超心型指向 (Hypercardioid)

- 槍型指向 (Shotgun)

- 雙指向 (Bi-directional)

※虛線的上方麥克風前方；下方為麥克風後方

圖 2-1-9 麥克風指向性

重點補充

接近效應（Proximity Effect）

除了全指向麥克風之外，都有鄰近效應，音源越接近麥克風的收音音頭，低頻響應會越好，這是在做麥克風收音時，需要特別注意的。

麥克風的保養與防潮

避免用力拍打麥克風，避免摔到麥克風音頭。

確實保存麥克風在防潮箱或乾燥環境。

圖 2-1-10

二、阻抗匹配器介紹

阻抗匹配器，Direct Box（簡稱 DI 或 DI Box），主要功用是將高阻抗（HI-Z）非平衡式訊號轉為低阻抗（Low-Z）平衡式訊號，目的在使電聲訊號更有利於長距離傳輸，減少訊號因距離而產生的損失，避免雜訊干擾與阻抗不匹配的問題。

圖 2-1-11

DI 又分為兩種形式：

被動式 DI（Passive DI）

不需要額外的電源供應，本身不需要電池或是幻象電源，訊號迴路通過可以直接使用。因為沒有供電的關係，比較依賴原始訊號的強度。

主動式 DI（Active DI）

需要額外供電，有些可以裝電池，或是使用電源變壓器，又或是直接從音響控台輸送幻象電源以驅動。主動式 DI 有訊號放大功能，適合訊號強度較弱的樂器。

大多數的 DI，一頭是非平衡式的 6.3mm TS 輸入（Input），另一邊是平衡式的 XLR 輸出（Output），兩軌道的 DI 則有兩組輸入及輸出。

如圖 2-1-12 和圖 2-1-13，大部分 DI 有以下幾個按鈕可以切換做選擇：

Pad

降低從樂器進來的訊號，根據 DI 的規格表可知道其降低多少 dB，通常衰減值會是 -15dB 或 -20dB，目的是避免訊號過大的問題，讓聲音不會因為超載而產生失真。

Thru

可以分流訊號，例如分送同一個輸入源透過 Thru 孔送到音箱，又可以不影響 XLR 孔輸出訊號到音控台。

Ground / Lift Switch

顧名思義即為接地（離地），隔絕 XLR 的第一腳位、接地接點，以消除接地迴路而造成的雜訊。

Gain Control

通常出現在主動式 DI 上，直接提供控制 gain 大小的選擇。

Low Cut Filter

高通濾波器，按比例衰減固定頻率以下的聲音訊號。

Polarity Reverse Switch

相位轉換，又或是極性轉換，調換 XLR 第二和第三腳位的極性，通常用於解決較為老舊的錄音器材腳位上設計的不同，或是在 DI 訊號及收音麥克風的混合使用上讓聲音的相位更為吻合。

圖 2-1-12　DI 後面板

圖 2-1-13　DI 前面板

在使用上，被動式或主動式 DI 都具有不同的聲音特性和功能性，使用者可以根據自己的需求做選擇，找出最適合自己使用上的配置。

2-2
類比音響控台

一、類比音響控台介紹

音響控台，顧名思義是搜集所有聲音訊號，進入到控台，再透過控台將音訊處理完成，整合成擴聲訊號，發送給所有後端設備使用，例如：擴聲喇叭、直播系統等等。

類比控台，有別於數位控台，表示控台中並沒有使用任何數位轉換介面去處理所有的輸入及輸出訊號，同時也代表以下幾點：

- 聲音的輸入及輸出數量固定，較無擴充性。
- 能夠調整的參數受限於控台本身旋鈕的數量。
- 聲音的輸入及輸出路由為固定配置，不能隨意配接、自由定義使用。
- 控台操作的活用性較低。
- 不能儲存和記憶場景檔案。

圖 2-2-1 類比音響控台

即便類比控台在使用上存在諸多限制，也非現代擴聲音響主流使用之選擇，但是通電隨插即可使用也是其一大優點，最重要的還是要看活動場合及擴聲內容需求去做搭配使用。

圖 2-2-2 為大部分類比控台訊號流：

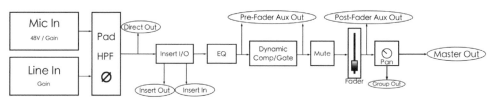

圖 2-2-2 音響控台訊號流

麥克風輸入（Mic In），或是線性訊號（Line In）輸入到混音控台後，首先會先通過前級放大器 Pre-amplifier 處理訊號準位匹配，讓所有聲源處於相對容易調整的電平準位上，在前級放大器上通常會附加的功能有：Phantom Power 48V 幻象電源、Pad 訊號衰減、HPF 高通濾波器和 Ø 訊號相位極性反轉功能；接著訊號進入混音控台中內建的等化器（Equalizer），利用等化器修整聲音頻率；再來進到動態修整階段（Compressor/Noise Gate），再進入各個軌道各自的電平推桿 fader，讓音控師調整各個軌道之間的音量平衡，最後可選擇送入群組輸出（Group）、送入輔助輸出（Auxiliary）或送入總輸出（Master），而輔助輸出音軌（Auxiliary）常做為效果器音軌或是監聽軌道。

二、類比音響控台功能介紹

首先混音台面板上，第一關會是前級放大器，除了準位匹配、訊號放大外，通常也會出現 Ø 相位極性反轉功能，代表將聲音訊號進行相位反相，若在同一個音源有兩組收音，會因為收音距離或時間差的關係造成相位抵銷，聲音聽起來較不扎實，這種情況下可以嘗試使用相位反相來解決。

除此之外，也有 Phantom Power 48V：48 伏特幻象電源，這個功能可以讓混音台利用平衡式輸入孔輸送幻象電源（Phantom power），讓舞台上的 DI Box 和電容式麥克風得到工作需要的電力。幻象電源輸送的原理是使用直流電透過平衡式線材傳輸，因為聲音訊號是以交流電電壓的震盪方式傳輸，故兩者可以並存。

音響控台：前級功能（圖 2-2-3）

20dB Pad 也是前級中訊號準位匹配的重要一環，某些音源訊號過大的時候，可以利用 Pad 鈕使它衰減 20dB，使音控師取得更好處理的訊號。

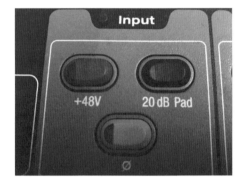

圖 2-2-3

音響控台：類比音軌 1 Preamp（圖 2-2-4）

▌XLR/T（R）S combo 兩用介面輸入孔

為因應小規模節目活動，此種介面方便舞台樂器聲源可不經 DI Box 轉換，直接以 6.3mm TS 高阻抗訊號或 6.3mm TRS 低阻抗訊號輸入混音台。

▌HPF：High Pass Filter（ = Low cut）

這個開關是一個八十赫茲的高通濾波器開關，可以將八十赫茲以下的頻率做等比例的衰減。當我們使用麥克風去收音一個完全沒有八十赫茲頻率以下聲音的聲源，就可以使用，這可以有效濾除不必要的環境噪音和樂器之間的相互串音。

圖 2-2-4

GAIN：增益

利用對數比例放大的增益，將輸入訊號放大，以便後續能有效處理準位匹配，讓聲音訊號成為利於工作的狀態。這是混音中概念最簡單但是使用上最重要的關卡之一。

音響控台：類比音軌 3 Comp EQ Auxr（圖 2-2-5）

COMP：Compressor（壓縮器）

用來調整動態，當訊號量大於閾值（Threshold）時，對訊號進行壓縮，進而有效控制動態過大的聲源。

EQ：Equalizer 等化器

用來調整聲源的不同音訊頻段，細部地修整聲音訊號，除了減少不必要的噪音和回授，它也可以使用於音色的調整。通常至少會有三段頻率可做調整。

圖 2-2-5

Aux：Auxiliary 輔助音軌

使用者可以依照需求將聲音訊號送至監聽輸出孔或輔助音軌孔，作為監聽設備用，或是做為外接器材的輸出用。其中的 Pre 開關，可決定訊號送到 Aux 是否受到電平推桿 Fader 的音量控制。

音響控台：類比音軌 4 Pan On Fader（圖 2-2-6）

PAN：Pan Pole 音像定位

在 Stereo 雙聲道系統中，利用調整兩聲道之間的音量，聽覺上可以調整音像（Image），決定聲音訊號在音像中要偏左或右，有效分離易在混音上衝突的聲源，也能增加音場的遼闊度。

圖 2-2-6

舉例來說，常見的方式是將舞台上最右邊的樂器 pan 到右邊，最左邊的樂器 Pan 到左邊，讓觀賞演出的觀眾可以聽到與視覺相似的樂器音像定位。

ON：聲軌的開關

當開關關閉時，音軌為靜音狀態，有些控台標示為 mute ，功能與 ON 相反。

群組輸出選項

圖中 1-2 分別為兩個雙聲道群組，可讓使用者加以活用，多一組立體聲輸出給轉播業者或補聲喇叭等等。ST 總立體聲軌輸出：選擇是否要將聲軌輸出至總輸出。

範例：現場觀眾聲的收音麥克風訊號，通常只會輸送至轉播業者而非現場擴聲總輸出，就可以只送 Group 而不要送 ST。

PFL：Pre-Fader Listening

有些混音器則標示為 solo 或 cue，可用於音控師在推動 Fader 前，使用自體監聽設備檢查聲軌訊號。反之在其他控台看見的 After-Fader Listening，代表會受 Fader 連動的監聽按鈕。

Fader：電平推桿

控制個別音軌訊號送至群組、總輸出的訊號量。

值得一提的是，我們介紹的這個訊號處理面板，它在訊號流程邏輯上，就是由上而下，這也是大部分音響混音器的訊號流程和方向順序。

2-3
後級及周邊設備

圖 2-3-1　後級擴大機

一、後級擴大機介紹

後級擴大機又稱為功率放大器，現今所有喇叭都需要後級來推動供電。

- 被動式喇叭需要外置的後級擴大機來推動發聲。
- 主動式喇叭則內建後級擴大機來推動發聲。
- 手機上的微型喇叭也需要後級擴大機來推動發聲。
- 後級擴大機則需要音源輸入以及電源供應，來放大音源訊號並推動喇叭。

後級擴大機的常用基本規格

- Number of channels 軌道數：在匹配喇叭及後級擴大機時，最重要的參數之一就是後級擴大機能提供的軌道數，依照使用者的使用需求去考慮喇叭及後級擴大機的配置。
- 輸出配置模式：輸出配置方式的變化，是為了因應使用者，在使用上能有不同的活用方式，以 2 軌道的擴大機作為模式配置範例：

1. Stereo 立體聲配置方式

如圖 2-3-2，由兩個不同的輸入孔提供訊號，並加以放大兩個輸出軌道。

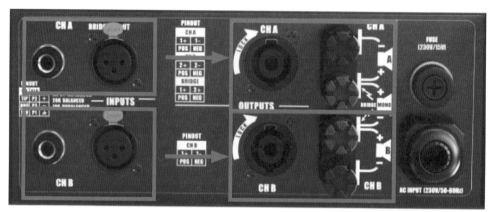

圖 2-3-2 後級 Stereo 輸出模式

2. Parallel Mono 單軌並行配置方式

如圖 2-3-3 由單一的輸入音軌，來驅動放大兩個輸出聲軌。

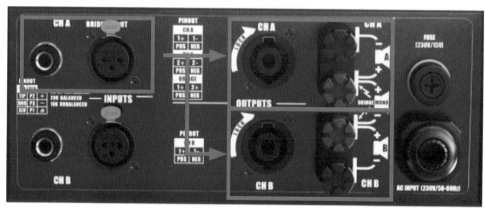

圖 2-3-3 後級 parallel Mono 輸出模式

3. Bridge Mono 橋接單軌配置方式

如圖 2-3-4 由輸入聲軌的正負雙相振幅，來推拉驅動單一喇叭，能有比較高功率的輸出。

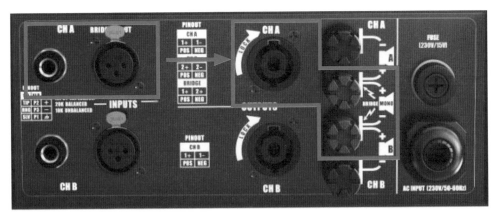

圖 2-3-4 後級 Bridge Mono 輸出模式

- Power Rating（Output power）輸出功率：如圖 2-3-5 ，通常後級擴大機的規格說明書中，針對不同阻抗的喇叭，會有不同的額定最大輸出功率。在匹配後級擴大機及喇叭的時候，可以先考慮喇叭阻抗需要的供電瓦數，以及最大能承受的供電瓦數，再來選擇後級擴大機，為了發揮喇叭的最大效能，大多數人會選擇後級擴大機瓦數大於喇叭能承受的瓦數，但須格外注意不同設備間的訊號量準位匹配，以免喇叭受損。

Single channel mode		Distributed line*		Bridge mode
4 Ω	8 Ω	70V	100V	8 Ω
1250 W	750 W	1000 W	1250 W	2500W

圖 2-3-5 後級 Power Rating

二、擴聲喇叭基本介紹

喇叭，又稱揚聲器。單體是由電磁鐵、線圈、振膜和紙盆所組成，雖然單體是喇叭中最重要的組件，但是除了單體，喇叭也需要箱體等等的部件來組成。構造如圖 2-3-6 和圖 2-3-7 所示。電流通過線圈時產生電磁場，正相上升波傳到磁鐵的時候，使振膜往外擴；反相下降波傳至磁鐵時，使振膜向內收，讓線圈和喇叭振膜一起振動，推動和鼓動周圍的空氣。這個作用就是所謂的電能轉聲能，也就是動圈麥克風作動原理的相反。

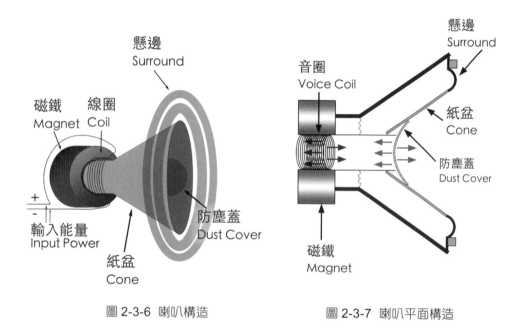

圖 2-3-6 喇叭構造　　　　圖 2-3-7 喇叭平面構造

通常混音控台輸出的混音訊號電壓大約為 1 伏特左右，但不足以推動喇叭，所以我們需要功率擴大機將此訊號放大至足以推動喇叭的電壓，才能透過喇叭發出聲音。

更完整地來敘述能量轉換過程的話，就是把電能轉換為磁能，再由磁能轉換為機械能，再從機械能轉換為人耳可聽見的聲音。

喇叭基本規格

- 頻率響應：在一定的聲壓級中，每個頻率在喇叭上的分貝差距，能最直觀地觀察到喇叭的聲音特性。

- 輸入阻抗：喇叭的輸入阻抗，常見的阻抗為 8 歐姆，阻抗愈低，同一功率之下對電流的需求愈大，但阻抗太低對擴大機也會是一種負擔，要求的功率也相應高一些，亦會影響音質。

- 靈敏度（Sensitivity）：一般採用 dB/w/m 作為單位，在輸入一定功率的訊號後，喇叭所能夠發出的音量大小。假設喇叭規格中靈敏度為 90 dB/ 1W@1m，代表在輸入功率為一瓦的狀態下，在距離一米的地方測量為 90dB。靈敏度越高所需要的輸入功率越小，在同樣功率的音源下輸出的聲音越大。

- 承載功率（Power handling）：單位用瓦特 W 來表示，代表喇叭能承受的功率瓦數，通常會標註峰值功率（Peak）和均方根功率（RMS），也就是較平均的可承受功率。此規格可用於與後級擴大機做輸出功率匹配。例如承載功率標註為 25～50W，代表要推動該喇叭所需的擴大機至少要具備 25W 以上的輸出功率，但不能用大於 50W 以上功率輸出，否則可能會燒壞喇叭。

喇叭種類介紹

主動式喇叭代表內建後級擴大機；被動式喇叭代表需要額外接上後級擴大機做使用，除了以上兩種分類方式，現今音響行業中常見的喇叭大致又分為以下這幾種：

▌點聲源喇叭

它的出現比線陣列喇叭來的早,通常是朝向全頻率(20~20kHz)響應設計。點聲源喇叭是由單個或多個的發音單元組成,就是所謂的單音路、多音路或同軸喇叭等等。不過全頻喇叭因為單體體積限制和成本考慮,也因為人耳對低頻比較不敏感,全頻率喇叭的低音會略顯不足。通常在配置音樂演出音響系統的時候,可能需要添加超低音喇叭來補償低音響應和達到演出需要的聲壓。

圖 2-3-8

▌線陣列喇叭

單支的線性陣列喇叭垂直角度非常窄,通常不會超過 15°,它具有很高的指向性。因為線陣列喇叭垂直角度狹窄,故能減少多支喇叭疊加使用時所造成的相位抵銷,進而加長喇叭的有效射程距離。為了滿足不同場地觀眾區的需求,音響公司會組合吊掛不同數量的線陣列喇叭,通常需要透過獨立處理器,或內置處理器的後級擴大機來改善各頻率的分頻效果,達到更有效率的喇叭表現。

圖 2-3-9

音柱喇叭

是一種體積非常小，而且攜帶方便
的微型陣列喇叭，它利用多個微型
單體的堆疊，達到目標頻率響應的
範圍和角度，雖然體積小、方便運
送，但是在大型演出活動中，它還
是無法取代大型喇叭系統所能滿足
的聲壓和頻率響應。

圖 2-3-10

超低音喇叭

它的最大作用是補償全頻喇叭不足
的低音頻率回應，超低音喇叭的特
色是通常單體體積比較大，雖然低
頻相較於高頻，沒有那麼高的指向
性，但是當我們在擺設超低音喇叭
的時候，也不能輕忽它擺位所造成
的聲壓涵蓋範圍影響。

圖 2-3-11

Note

CHAPTER **03**

基礎電學

3-1
歐姆定律及應用

現代科技幾乎沒有不需要電力的，而以現場擴聲音響，較大規模的擴大機和器材往往更加耗電，額定電壓也有可能與家用設備有所差異，不是把它們找個牆壁插座插上就會一切安全順利。而耗電功率、額定電壓等等的這些基本電學常識，正是身為音響技術人員必備的知識。

歐姆定律為近代電學中表示一電路中電壓 V 及電流 I 與阻抗 R 的關係，

其關係式為：$V = I \times R$

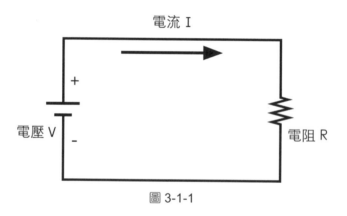

圖 3-1-1

計算電壓大小的單位為伏特（Voltage，V），計算電流大小的單位為安培（Ampere，A），計算電路或元件阻抗大小的單位為歐姆（Ohm，Ω），計算功率大小的單位為瓦特（Watt，W）。

如圖 3-1-2 電路中所表示，以水的流動來比喻電力的話，電壓（電位）就是水位；電流是水流大小；阻抗是水流中遇到的阻力（Ex：水車）；而電功率則是水力轉換為機械能的功率，也就是水力工作機的工作速率。

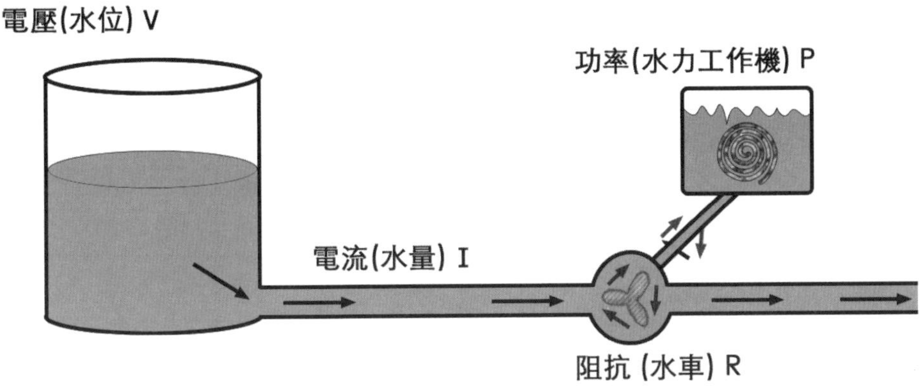

圖 3-1-2 電力水車類比

假設阻抗值 R 保持不變，當電壓值 V 越大時則流經電路中的電流值 I 也跟著變大；

假設電壓值 V 保持不變，而阻抗值 R 變大時則流經電路中的電流值 I 則會變小；

假設電壓值 V 保持不變，而阻抗值 R 變小時則流經電路中的電流值 I 則會變大。

電功率代表單位時間內電流做的功，以表示消耗電能快慢的物理量，

其關係式為：$P = I \times V$

- P（功率），計算單位：W（瓦特，Watt）
- I（電流），計算單位：A（安培，Ampere）
- V（電壓），計算單位：V（伏特，Votage）

假設電路元件為線性元件（電壓及電流的比不隨時間變化，即服從歐姆定律），其關係式可延伸表示為：$P = I \times V = I2 \times R = V2 / R$

如圖 3-1-3 所示，P（功率）、V
（電壓）、I（電流）、R（阻抗）
相互的關係。

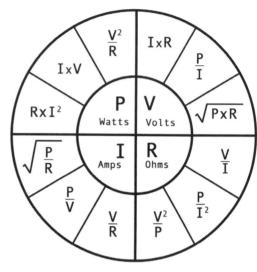

圖 3-1-3 電學公式圈

嘗試計算下列生活中家電用電量的大小：

	電器名稱	消耗功率 （**W**）	使用電壓 （**V**）	電流量 （**A**）	阻抗 （**R**）
1	電冰箱	130W	AC110V		
2	電鍋	800W	AC110V		
3	音響擴大機	800W	AC110V		
4	微波爐	1200W	AC220V		
5	抽油煙機	350W	AC110V		
6	果榨汁機	210W	AC110V		
7	烘碗機	200W	AC110V		
8	電磁爐	1200W	AC220V		
9	電烤箱	800W	AC220V		
10	冷氣機	900W	AC220V		

3-2

交流電與直流電

生活中處處需要使用電，平常使用的電又可分為交流電（Alternating Current）與直流電（Direct Current）。

交流電（Alternating Current / AC；符號 ～）：隨著時間不同，電流的強度大小與電流方向都發生週期性的變化。

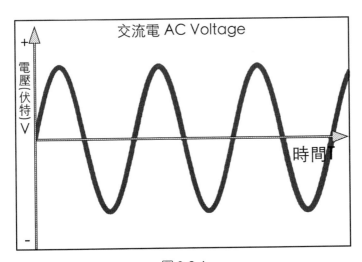

圖 3-2-1

一般生活中常見的交流電有牆壁上的電器插座。

圖 3-2-2 插座通常為我國家用的 220V 交流電插座。

圖 3-2-2

圖 3-2-3 插座通常為我國家用的
110V 交流電插座。

圖 3-2-3

直流電（Direct Current／DC；符號 ⎓）：隨著時間不同，電流的方向永遠不會變。

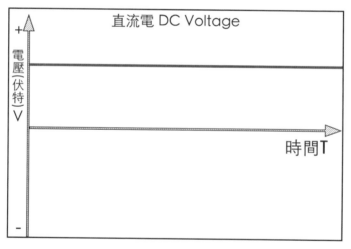

圖 3-2-4

生活中最常見的直流電為電池類產品，如圖 3-2-5 和圖 3-2-6。

圖 3-2-5

圖 3-2-6

除了電池之外，交流電轉直流電變壓器也是常見的家用直流電，如圖 3-2-7。

圖 3-2-7

3-3

串聯與並聯

電器及電子設備是由許多電路組合而成的產品,而電路的組成是由許多電子元件以串聯或並聯的方式組合而成。

串聯電路:當 2 個以上的電子元件以頭端接尾端,尾端接下一元件的頭端,以此延續形成的電路稱為「串聯電路」。

其中由電源流出的電流 I 的大小=流過電阻 1 的電流大小=流過電阻 2 的電流大小=流過電阻 3 的電流大小,如圖 3-3-1。

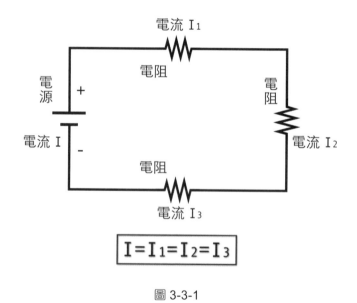

$$I = I_1 = I_2 = I_3$$

圖 3-3-1

由電源給出的電壓 V 的大小＝每個元件兩端的端電壓的總和，如圖 3-3-2。

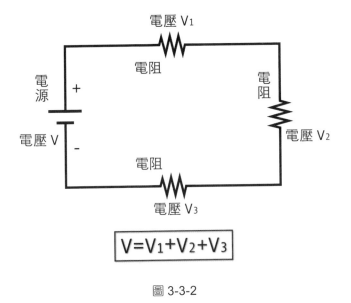

電壓 V_1

電阻

電源

＋

電阻

電壓 V

－

電壓 V_2

電阻

電壓 V_3

$$V=V_1+V_2+V_3$$

圖 3-3-2

串聯電路中的總阻抗 R 的大小＝每個元件的阻抗的總和，如圖 3-3-3。

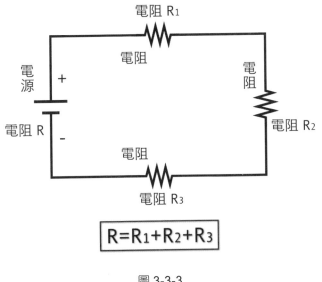

電阻 R_1

電阻

電源

＋

電阻

電阻 R

－

電阻 R_2

電阻

電阻 R_3

$$R=R_1+R_2+R_3$$

圖 3-3-3

串聯電路中的總功率 P 的大小＝每個元件的功率的總和，如圖 3-3-4。

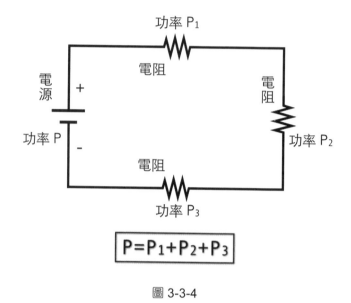

$$P=P_1+P_2+P_3$$

圖 3-3-4

串聯電路中若其中一個元件故障損壞，則會形成斷路。

串聯電路的範例：如圖 3-3-5 將 2 個 1.5V 的電池串聯可得到 3V 的電壓來點亮燈泡。

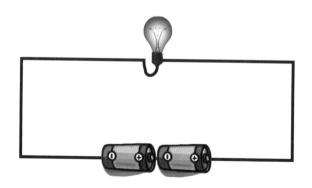

圖 3-3-5

並聯電路：當 2 個以上的電子元件以頭端接頭端，尾端接尾端，以此形成的電路稱為「並聯電路」。其中由電源流出的電流 I 的大小＝流過每個元件的電流的總和。如圖 3-3-6。

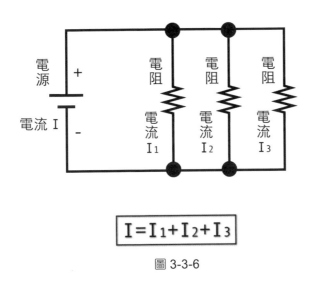

$$I=I_1+I_2+I_3$$

圖 3-3-6

由電源給出的電壓 V 的大小＝元件 1 兩端的端電壓＝元件 2 兩端的端電壓＝元件 3 兩端的端電壓，如圖 3-3-7。

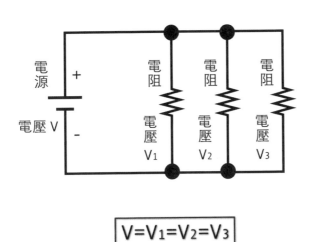

$$V=V_1=V_2=V_3$$

圖 3-3-7

並聯電路中的總阻抗 R 的大小為（1/R）＝（1/R1）＋（1/R2）＋（1/R3），如圖 3-3-8。

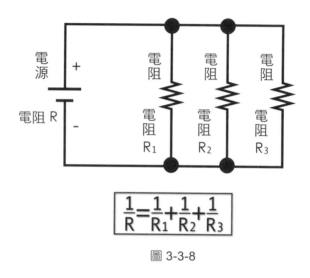

$$\frac{1}{R}=\frac{1}{R_1}+\frac{1}{R_2}+\frac{1}{R_3}$$

圖 3-3-8

並聯電路中的總功率 P 的大小＝各元件消耗功率的總和，如圖 3-3-9。

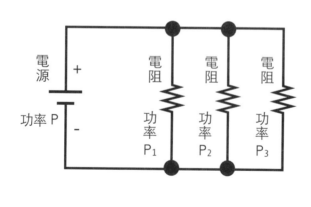

$$P=P_1+P_2+P_3$$

圖 3-3-9

並聯電路中若其中一個元件故障損壞，並不一定會立即造成斷路，但是會造成總功率及總阻抗與總電流的改變。

生活中最常見的並聯電路為不同電器插在同個迴路的電源插座上，其中應注意的是使用的電器的總電流勿超過主電源的負荷以免發生危險。

 重點補充

電線解析

以正確規格來說，電線會分為三條線，包括：火線（Hot）、中性線（Neutral）、接地線（Ground）。三條線芯各自有其功能。

火線又稱為相線，為電力的來源，一般家用電電壓為 110 伏特。

中性線是電力迴路的去向，電壓為 0 伏特。

接地線則連接至大地（迴路中最低電位定義點），將迴路中的漏電導向最低電壓的大地中，以免漏電使人員觸電受傷。

以一般家用壁插來說，很常看到只有火線和中性線的雙孔插座，這樣就完成一個可使用的電力迴路，一般家用電器可以正常運作，但如果遇到較嚴重的機殼漏電，因沒有接地線將漏電導向大地，此種配電方式比較危險。

三相電

發電機產生出來的電力通常分為三個不同相位，就是三相電，也就是三條火線的電流輸出。三個相位各自差距 120 度，而三相電的中心點則導出 0 電位（電壓 0 伏特）的中性線，三相電加上中性線的電力系統，就是所謂的三相四線，如圖 3-3-10。

以一般 110 伏特的電力迴路為例，各火線與中性線相差 110 伏特電壓，故一般電力系統只要火線與中性線便能正常送電，而家用電力系統中的 220 伏特冷氣電源，則是透過兩條 110 伏特火線供電。除了三相四線之外，也有三相五線，三相五線即是三個相位的火線，加上中性線和地線。

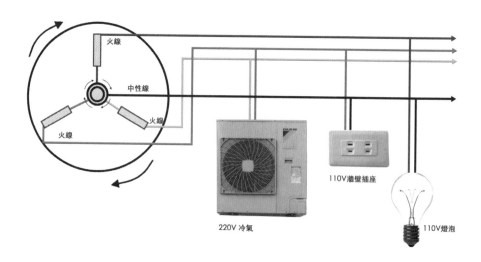

圖 3-3-10　三相四線圖

CHAPTER

04

聲學及應用

4-1
聲學介紹

聲學，顧名思義，聲音的科學。音響工作中，並不是每一個職位都需要熟稔聲學，但作為一個音響工作者，至少要認識它。如果生涯職志在於系統工程師、音控師（內場或外場音響工程師）的話，聲學將會是你的必修課，也是需要不斷鑽研深究的最大課題。

一、認識聲音

圖 4-1-1　聲學概念圖

聲音是物質振動產生疏密波，並由介質（氣體、液體、固體）震動傳輸至聽覺器官。

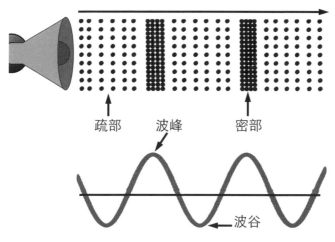

圖 4-1-2 疏密波

A. 聲音三要素 - 聲壓

聲壓,聲音的壓力,也就是你我所熟知的「音量」,在物理的世界中,則稱之為振幅,也就是聲波通過介質時,由振動所產生的壓力改變量。

聲壓的單位有同壓力的「帕 Pa」或是聲壓級(SPL,Sound Pressure Level),在後面的章節將會針對聲壓級再做細述。

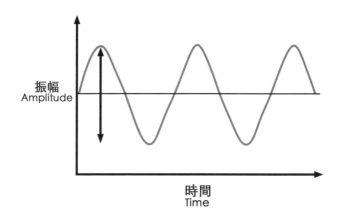

圖 4-1-3 振幅

B. 聲音三要素 - 音頻

音頻,聲音的頻率,單位是赫茲(Hz)。音波在介質中震動的次數,頻率越高,音調就越高。震動就能產生聲音,你我最熟知的事例之一必定是夜晚睡覺時被耳邊嗡嗡作響的蚊子吵到失眠,蚊子的嗡嗡聲不是牠的叫聲,而是牠振翅、高頻率震動的聲音。

人類可以聽到的聲音頻率介於 20Hz ～ 20000Hz 之間。

不同頻率的聲音有不同特性:高頻率的聲音指向性強,但傳輸距離較短、穿透力較弱,容易被屏蔽。低頻率的聲音指向性弱,易擴散;傳輸距離長、穿透力強,不易屏蔽。所以當我們站在演唱會場地外時,第一個聽到的通常是厚重的低頻,走到場內才會聽到高頻的聲音。

除了可聽見的聲音之外,聽不見的頻率也有同樣特性,例如我們常用的無線網路,近年流行的雙頻 WIFI,5GHz 的網路相較於傳統 2.4GHz 的網路就是指向性強、但容易被牆壁阻擋,反之,2.4GHz 的網路則是指向性較弱、但穿牆能力較強。

如圖 4-1-4,聲音工程師們為了要溝通方便,通常會將 20Hz ～ 20000Hz 分為幾個區塊,分別是低頻(Low)、中低頻(Mid Low)、中頻(Mid)、中高頻(Mid Hi)、高頻(Hi)。這些區塊是約定成俗的頻率範圍,每個人可能對於頻率區塊的理解也不一樣,所以進行工作溝通時,最好最快的方法是能講出準確頻率。

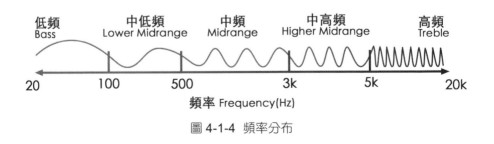

圖 4-1-4 頻率分布

講到頻率，一定要提到人耳等響曲線圖（圖 4-1-5），人耳等響曲線是西元 1933 年由美國物理學家 Harvey Fletcher 和 Wilden A. Munson 發表，也是最早對聲音頻率和聽覺感知進行量化研究的圖表，他以 1kHz 也就是 1000Hz 的聲音頻率做基準，去比較人耳對不同頻率的聽感，比如說：80Hz 的聲音需要多大的音量和能量才能達到跟 1kHz 基準測試音同樣的響度，分別實驗測試不同的頻率，從而繪製出人耳的頻率曲線。

其中淺色的曲線為 1933 年的版本，又稱為 Fletcher-Munson curves，而深色曲線則是 2003 年國際標準化組織（英語：International Organization for Standardization，簡稱：ISO）經由更加國際化的調查研究，而發布的正式國際標準，也就是等響曲線（equal-loudness curves）。

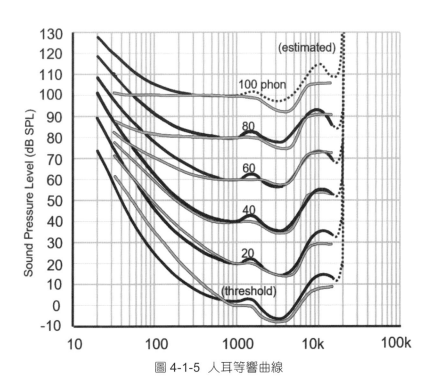

圖 4-1-5 人耳等響曲線

C. 聲音三要素 - 音色

自然世界中幾乎所有聲音都不是單一頻率的聲音,而是多個頻率的疊加,通常包含一個基頻 Fundamental Frequency- 多個聲波疊加中最低的音 - 以及各種泛音 Overtone(或稱諧波 Harmonic)疊加而成,通常泛音列會是基頻的倍數頻率,假設某個聲音的基頻為 f,則稱一次泛音(或稱第二諧波)為 2f、二次泛音(或稱第三諧波)為 3f。

音樂演奏或歌唱中,基頻是區別音高的主要元素,決定音調旋律。而泛音則決定樂器或人聲的音色。也就是説,聲音的音調、音高由基頻決定,而音色則由基頻的泛音個數及泛音強度決定。舉例來說,小提琴、吉他和鋼琴都可以發出同一個音調、也就是同個基頻的音符,但因為泛音的不同,而造成它們有不同的音色。

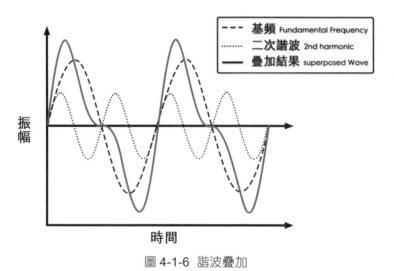

圖 4-1-6 諧波疊加

二、聲音的傳輸

A. 音速

聲音必須藉由介質的振動才能傳輸，介質可以是固態、液態或氣態，在完全的真空中，聲音是無法傳遞的。所以大多數有專業隔音的錄音室或練團室中，隔間牆壁會作兩層；夾層中抽真空，藉此阻斷聲音的傳輸路徑，進而達到隔音的效果。

聲音在不同介質中的傳輸速度不盡相同，聲音在介質中的速度端看介質的密度，所以一般來說，音速在密度較高的固態物體中傳輸速度最快、液態次之、氣態則最慢。現實中的案例，當我們將耳朵靠在火車鐵軌上時，火車行經前我們就能清楚聽到鐵軌因列車行進而震動的聲音。

同上所述，聲音的速度與介質密度有絕對的關係，所以同理，空氣的溫度和濕度也會影響音速，時常會遇見戶外演出，白天彩排和晚上演出聲音差別很大的狀況，都是因為音速變化所致。

空氣中聲音的速度公式：331+0.6T

其中 T 為氣溫，故攝氏 25 度的空氣中，音速為：$331+0.6 \times 25 = 346$。

B. 波長

波長是正弦波完整震盪一個週期的長度，而頻率是一秒中波震盪的次數，故當頻率不同，其週期和波長也都不同。

波長公式：$\lambda = v \times T$、$v = f \times \lambda$

（v ＝速度、f ＝頻率、T ＝週期、λ ＝波長）

100Hz 聲波的週期為 0.01Sec，故音速為 346m/s 的情況下，100Hz 聲波的波長為：346x0.01 ＝ 3.46m。

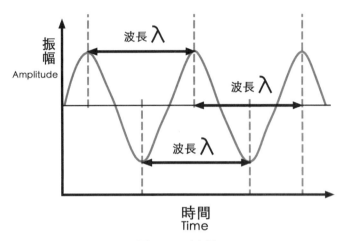

圖 4-1-7 波長

重點補充

都卜勒效應

在馬路上聽到救護車疾駛而過的時候，我們常發現，救護車靠近時，鳴笛的音調較高，駛離的時候，鳴笛的音調較低，這是為什麼呢？

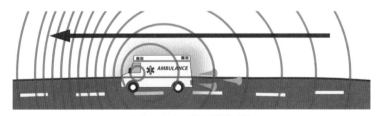

圖 4-1-8 都卜勒效應

如圖 4-1-8，當下救護車發出聲波的波長是固定的，但救護車在高速行駛下又持續發出聲波，上一個波才剛發出來，救護車又再靠近上一波的地方發出一次聲波，所以聲波會趨於密集,當聲波密集時,頻率就比較高,聽起來音調就比較高;反之,救護車高速駛離時,每一次發出聲波又比上一次再更遠的地方,所以波與波的間隔就更遠,故音調會聽起來變低。

C. 聲波的相位

了解了聲波大致的特性之後,我們就要來認識聲波的相位,所謂的相位是指波形變化的度量,通常是以度°作為計算單位,也稱之為相位角。當訊號波形以週期的方式震盪的時候,一個正弦波週期的開始稱之為 0°,經過了一次完整的振盪以後,整個循環週期結束點為 360°,也就是下一週期的 0°。

如圖 4-1-9,兩個完全一致的聲波疊加,也就是與波形起始點一樣,極性也完全相同的情況下,會使聲波振幅增加,就是所謂的正相;而兩聲波的波形起始點之間有時間差,部分區塊會受到相位相抵,部分聲波被抵消,也就是所謂的異相;兩個起始點一樣但是極性完全相反的波形,會導致兩聲波完全相抵,聲音直接靜音,就是所謂的反相。

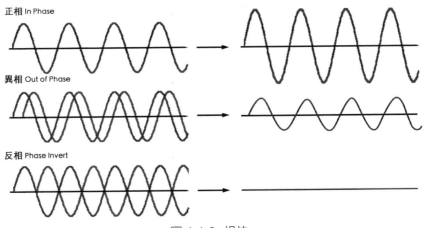

圖 4-1-9 相位

在錄音工程或音響工程中，我們常常會遇到聲音的相位問題，只要兩隻與聲源距離不同的收音麥克風收到有時間差的同一聲源，就有可能造成異相問題，最常見的案例就是鼓組使用多支麥克風收音，互相串音所造成的異相位問題。

當我們檢查聲音時發現音軌中有異相或反相問題，我們可以從大多數前級放大器都有的反相開關著手，按下去之後波形的極性會直接反轉，讓原本被反相抵消的波峰或波谷直接變成正相疊加。除此之外，也能使用添加延遲的功能，將原本相對較快收到聲音的麥克風添加延遲，對齊兩支麥克風的時間差，進而解決異相問題。

相位一直是聲學工程中很重要的概念，也是非常多聲學問題中最讓人頭痛的環節之一。

三、聲音的動態－ ADSR

自然界中的任何聲音，都有一個動態過程時間，英文稱為 ADSR，也就是 Attack（啟動）、Decay（衰減）、Sustain（延音）、Release（釋放）：

- Attack：從聲音啟動至聲音音量最大處之時間。
- Decay：聲音音量到達最大後逐漸衰減，至 Sustain 部分的時間。
- Sustain：聲音延續的長短。
- Release：聲音由 Sustain 開始衰減到完全靜音的時間。

圖 4-1-10 為 ADSR 的範例圖：

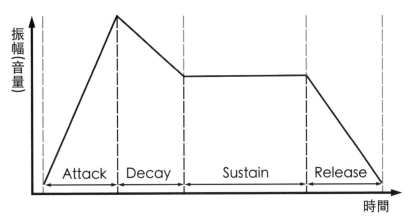

圖 4-1-10 ADSR

除了自然界聲音的動態過程時間之外，我們也常在電子合成器和訊號產生器上看到 ADSR 的出現，ADSR 四項參數的改動可以直接雕塑不同聲音的樣貌，雖然不會直接改變波形或波長，但會改變聲音的振幅在在時間上的變化。

我們也能在各種動態處理器上看到這些參數，概念就類似上述的動態過程時間，在往後的課程，我們將會更詳細地介紹動態處理器及其參數。

四、分貝（**dB**）

在音響工作領域中，常常看到有人用分貝、dB 做為衡量聲音音量大小或能量大小的單位。就讓我們來認識單位：分貝（dB）。

來自英國的貝爾教授 Alexander Graham Bell（1847 - 1922），在西元 1876 年發明了電話，更重要的是，他也發現我們人類耳朵對聲音強度的反應是成對數形式，而非線性比例，為了紀念他的發現因而把此對數單位命名為 Bel。

因為 Bel 在實際應用上單位太大了，所以就再細分以十分之一為一個單位。decimal 是十進位的意思，將其簡寫 deci，加上 Bel 就是 decibel 分貝。而 decibel 又簡寫為 dB，注意這個 dB 前面的 d 是小寫而後面的 B 是大寫，以表對發明者貝爾的尊重。

圖 4-1-11 Alexander Graham Bell

分貝（decibel）是量度兩個相同單位之數量比例的對數單位，它並不是單純用於指涉人耳對聲音強度差別的單位，分貝不是絕對單位，故在使用時還需加上參考值才有意義，例如：dBV、dBm、dBu、dBFS、dBW，分貝的計算方式一般又分為功率計算和場量計算（例如：電壓）。

單位名稱	計算物	參考值	常用部分
dBSPL	音壓	20uPa（氣壓單位）	擴聲音壓監測
dBu	電壓	0.775V	控台訊號量錶頭
dBV	電壓	1V	麥克風靈敏度
dBm	功率	1mW = 0.001W	無線射頻的功率大小
dBW	功率	1W	無線射頻的功率大小

接下來讓我們來認識音響工程領域中較常見不同參考值的分貝：

除了以上五種常見的 dB 之外，我們也常看到像是 dBA 或 dBC 等等單位。所謂的 dBA 是指 A 加權的 dBSPL（A-weighted Sound Pressure Level），它將音壓測量器具或麥克風添加上類似人耳頻率響應曲線的濾波器，故低頻會予之衰減；而 dBC 就是 C 加權的 dBSPL（C-weighted Sound Pressure Level），則是整體相對平坦的頻率響應曲線。

認識完以上不同的 dB 單位後，讓我們來認識 dB 的計算方法，分貝的計算方式分為：

1. 功率

功率單位的公式（可用於計算：dBm、dBW）

以 dBW 為例： $dBW = 10Log_{10}(\frac{P1}{1W})$ （P1 為測量數值瓦數）

2. 場量（能量）

場量單位的公式（可用於計算：dBSPL、dBu、dBV）

以 dBu 為例： $dBu = 20Log_{10}(\frac{V1}{0.775V})$ （V1 為測量數值電壓）

根據以上兩種不同公式，我們可以看到，兩者其實最大的差異只有數值差了一倍，也因此當兩波形的相位產生完美疊加時，功率計算中是增加 3dB，而電壓訊號則是增加 6dB。

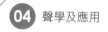

功率：

Linear換算至Log ： $X_{dB}=10\log(\frac{Y}{Ref})$

Log換算至Linear： $Y=10^{(\frac{X_{dB}}{10})} \cdot Ref$

電壓：

Linear換算至Log ： $X_{dB}=20\log(\frac{Y}{Ref})$

Log換算至Linear： $Y=10^{(\frac{X_{dB}}{20})} \cdot Ref$

重點補充

dBSPL

1Pa 大氣壓＝ 94dBSPL，94dBSPL 也常用於作為音響、麥克風等設備的測試音壓基準。

五、音場概念 - 殘響

聲波在空間中是會被反射的，也就是當聲波遇到一片平滑表面，只要它沒被吸收，就會按照物理世界中能量波的反射、折射或繞射理論產生反彈等效應。而我們熟知的迴音、殘響，就是多個反射造成的聲音複合空間感。

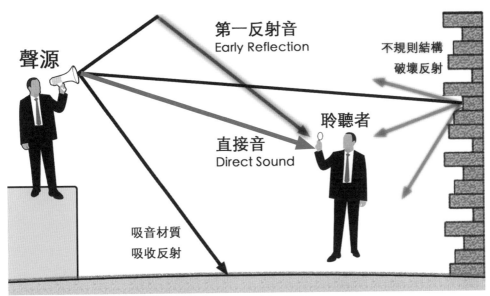

圖 4-1-12　反射示意圖

殘響音場中又有分幾個元素

- 直接音：直接音即是空間中聲源直接發出、不經由任何空間反射作用的聲音，通常在音場中是最大音量的聲音。
- 第一反射音：又稱為早期反射音，是聽者在音場空間中聽到只被反射過一次的聲音，通常延遲時間 delay time 小於等於 50 毫秒，也就是說早期反射音與直接音到達聽者耳裡相差的時間會小於等於 50 毫秒。第一反射音也是音量僅次於直接音的聲音。
- 殘響：聲音在空間中被反射兩次以上才被接收的聲音，通常延遲時間 delay time 大於 50 毫秒。相較於早期反射音，音色較為模糊不清，殘響的聲音和空間反射的介質有絕對的關係。

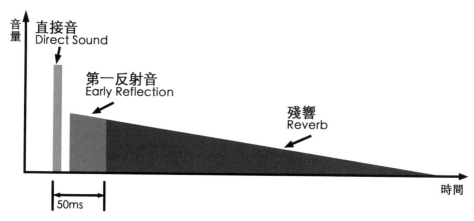

圖 4-1-13 殘響

RT60 殘響時間

假設一場館中，建築物牆壁天花板和地板都沒有特別做吸音處理，材質又是平滑的表面，通常就會有較長的殘響，在吵雜的流行音樂演出擴音場合中，容易使聲音模糊不堪。為了測量殘響的長度，人們訂定出 RT60 標準，意即一個聲源在空間中停止發聲後，到聲音殘響在空間中衰減 60dB 所需的時間，這是有效測量和溝通場地殘響值的標準之一。也有很多機構會頒布各種場地建議的 RT60 值，其中教堂可能就會需要比專業錄音室長的 RT60 值，以此類推。

RT60 殘響時間 - 各場地推薦值參考表

場地	場地大小	**RT60** 推薦值
錄音室	< 50 立方米	0.3 秒
教室	< 200 立方米	0.4 ~ 0.6 秒
辦公室	< 1,000 立方米	0.5 ~ 1.1 秒
演講聽	< 5,000 立方米	1.0 ~ 1.5 秒
教堂	< 10,000 立方米	2 ~ 10 秒
歌劇院、音樂廳	< 20,000 立方米	1.4 ~ 2.0 秒

4-2

音響系統基礎規劃

一、擴聲目標

在設計規劃一個擴聲音響系統前，我們需要得知這場活動擴聲的目的：是談話節目，需要人聲清楚；亦或是音樂節目，需要忠實還原音樂使其滿足觀眾的聽覺享受，以上等等。除此之外，也需要考慮觀眾人數、觀眾區的形狀等等因素，若對活動場地或擴聲需求一無所知的話，會有很大的系統設計錯誤風險。

所以，在認識音響系統設計規劃之前，我們就來認識一下演出相關需求文件。

二、演出需求文件認識

以大型演唱會活動來舉例，通常活動的音響工程師會開立他們所需的音響系統需求，像是關於觀眾涵蓋所需的音壓大小、內場監聽的數量等等。

圖 4-2-1 是 FOH 外場音響工程師的音響需求表格範例：

演唱會 Audio Rider

SOUND SYSTEM REQUIREMENT
FRONT OF HOUSE:

Description/Model	Unit	Qty	Reply
FRONT OF HOUSE SYSTEM:			
Sound system should be a professional & high quality stereo sound reinforcement system and capable of providing clear, undistorted, four-way active, evenly distributed sound. Sound throughout the audience area should be at a sound pressure level of at least 115 dB at a frequency range of at least 40 to 15,000 Hz, (plus or minus 5 dB), and it should have a flat response from 20Hz to 20KHz. Sound system should provide " Delay " or "Outside " to ensure that the sound will produce the same DB pressure in all the audience seats. These speakers should be the same model as the main speakers.There will also be front fills to ensure the correct coverage for the rows near stage.			
MIXING CONSOLE			
Avid Venue SC48			
EFFECT:			
1 Lexicon 480 , 960 , PCM-91	pc	1	
2 YAMAHA SPX990	pc	1	
DRIVE RACK:			
1 Active Crossover for F.O.H System (It must be put on the F.O.H des	pc	1	
2 Mackie 1402-VLZ Stereo Mixer for video	pc	1	
3 Talk Back System Between FOH and Monitor	set	1	
4 Working Light for console desk	pc	2	
5 System Engineer for F.O.H	a	1	
6 Adjustable Stool for Engineer	pc	1	
If you make any change on equipment , please notify us in advance. Thanks			

圖 4-2-1

圖 4-2-2 是 Monitor 監聽音響工程師的音響需求表格範例：

演唱會 Audio Rider

SOUND SYSTEM REQUIREMENT
MONITOR

	Description/Model	Unit	Qty	Reply
MIXING CONSOLE				
	Midas Pro 2			
OUTPUT				
1	Monitor wedge	pc	6	
2	Earphone	pc	10	
3	AVIOM AN16i	pc	1	
4	AVIOM A16D pro	pc	1	
5	AVIOM A16II Personal Mixer	pc	16	
6	Headphone extension cable(2m)	pc	16	
WIRELESS:				
1	SHURE UR4D with UR2/B58A	CH	10	
2	IEM system Preference: Sennheiser EW300G3	set	4	
If you make any change on equipment , please notify us in advance. Thanks				

圖 4-2-2

FOH 音響師在 Front Of House System 中寫明了他需要當地音響硬體公司提供的系統需求，以及包括指定的控台型號、其他器材配件需求等等。

Monitor 音響師則寫明了他需要哪些監聽設備和無線設備以供演出者使用。

圖 4-2-3 ～ 4-2-5 是樂手的器材需求表格範例：

鼓手及貝斯手 樂手需求				
需求項目				Reply
1 Drummer	1	Drum set :	Soner SQ2 or Yamaha Maple Custom	
			22" Bass Drum	
			10" 、12" Tom Tom	
			16" Floor Tom	
	2	Cymbal	Zildjian K Custom series	
			14" Hihat x 1	
			10" or 12" K Custom splash x 1	
			16" K Custom Dark Crash x1	
			17" K Custom Dark Crash x1	
			18" K Custom Dark Crash x 1	
			Sabian HHX O-zone 18"	
			22" or 20" Ride x 1	
	3	Drum Throne x1		
	4	Snare Stand x2		
	5	Cymbal Stand x 6		
	6	HiHat Stand x 1		
	7	Music Stand and lamp x 2		
	8	DI Box x3 (for Drum pad 、Click)		
	9	Aviom 監聽系統 x1		
	10	耳機延長線 1.5m x1		
	11	地板監聽 x1		
	12	110V Power Supply x4		
2 Bassist	1	Aguilar DB751P or Ampeg Bass Amp		
	2	DI Box x1		
	3	TS 6.3 3m Cable x2		
	4	Guitar Stand x1		
	5	Music Stand and lamp x 1		
	6	Aviom 監聽系統 x1		
	7	耳機延長線 1.5m x1		
	8	110V Power Supply x3		

圖 4-2-3

吉他手及鍵盤手 樂手需求

3	Guitarist	1	Fender Twin Reverb Guitar Amp x1	
		2	DI Box x1 (for Acoustic Guitar)	
		3	TS 6.3 3m Cable x2	
		4	Guitar Stand x2	
		5	Music Stand and lamp x 1	
		6	Aviom 監聽系統 x1	
		7	耳機延長線 1.5m x1	
		8	110V Power Supply x3	
4	Guitarist	1	Marshall JCM900 (or JCM2000) Head + Cab	
		2	DI Box x1 (for Acoustic Guitar)	
		3	TS 6.3 3m Cable x3	
		4	Guitar Stand x2	
		5	Music Stand and lamp x 1	
		6	Aviom 監聽系統 x1	
		7	耳機延長線 1.5m x1	
		8	110V Power Supply x3	
5	Keyboardist1	1	電鋼琴：Nord Stage2 88 Keys	
		2	合成器：Korg M3	
		3	合成器：Yamaha Montage 6	
		4	Volume Pedal x2	
		5	MIDI Cable x1	
		6	Music Stand and lamp x 1	
		7	Aviom 監聽系統 x1	
		8	耳機延長線 1.5m x1	
6	Keyboardist2	1	Korg M3	
		2	Korg Triton EX	
		3	Yamaha Motif XF	
		4	Volume Pedal x3	
		5	Aviom 監聽系統 x1	
		6	耳機延長線 1.5m x1	
		7		

圖 4-2-4

Programmer及合聲 樂手需求

7	Programmer	1	Di box x5 (for PGM)	
		2	TS 6.3 3m Cable x5	
		3	Aviom 監聽系統 x1	
		4	耳機延長線 1.5m x1	
		5	110V Power Supply x4	
8	Choirs	1	Microphone x3	
		2	Aviom 監聽系統 x3	
		3	耳機延長線 1.5m x3	

圖 4-2-5

以上是一場演唱會中可能出現的樂手需求，樂手或技師團隊會統合樂手的樂器和監聽需求，整理後做成表格，以利與樂器公司、音響公司的溝通。

音響公司收到音響師、技師、樂手的器材需求單之後，就會著手進行對單，統合成本考量和公司擁有的器材，業務員會在 Reply 欄位上填上回覆，若公司沒有這項器材，若有替代方案，也須將替代型號填上，以利後續雙方對單和溝通。在對單流程中，務必細心和完全誠實地核對，最忌諱回覆單上都寫 OK，到現場完全不一樣的狀況，這會造成工作團隊很大的困擾。

除了以上幾種不同職位的需求單之外，音響師還需要列出一份他希望的音訊軌道表，也就是 Audio channel list，上面清楚列出他需要的軌道順序、收音麥克風型號、麥克風架長度、音軌輸出、輸出編號等等，這些資訊都有助於音響公司估算他們的器材數量。

圖 4-2-6 是 Channel list 表格範例：

演唱會 Tour Audio Rider

Monitor Console Input List

Console:

FOH CH.	MON CH.	Input	MIC.	REMARK	Stand	Reply			Aux Out	
1	1	SPD L	DI 100				1	1	Drum MIX L	AVIOM-1,2
2	2	SPD R	DI 100				2	2	Drum MIX R	
3	3	OH/L	451		Tall Boom		3	3	KB1 Mix L	AVIOM-3,4
4	4	OH/R	451		Tall Boom		4	4	KB1 Mix R	
5	5	Ride	451		Tall Boom		5	5	KB2 Mix L	AVIOM-5,6
6	6	Floor TOM 16"	ATM 250				6	6	KB2 Mix R	
7	7	TOM2 12"	ATM 250				7	7	PGM L	AVIOM-7,8
8	8	TOM1 10"	ATM 250				8	8	PGM R	
9	9	Hi-Hat	451		Tall Boom		9	9	BASS	AVIOM-9
10	10	Snare TOP	SM57		Short Boom		10	10	GT-1	AVIOM-10
11	11	Snare Bottom	SM57		Short Boom		11	11	GT-2	AVIOM-11
12	12	Snare 2	SM57		Short Boom		12	12	BV-1	AVIOM-12
13	13	KICK IN	Beta 91				13	13	BV-2	AVIOM-13
14	14	KICK OUT	Beta 52		Short Boom		14	14	BV-3	AVIOM-14
15	15	Bass	DI RD100				15	15	Artist	AVIOM-15
16	16						16	16	Click / Cue	AVIOM-16
17	17	EP1-L	DI RD100				17	17	IEM1 L	bodypack x4
18	18	EP1-R	DI RD100				18	18	IEM1 R	
19	19	KB1-L	DI RD100	Submixer			19	19	IEM2 L	bodypack x4
20	20	KB1-R	DI RD100	Submixer			20	20	IEM2 R	
21	21	KB2-L	DI RD100	Submixer			21	21	IEM3 L	bodypack x4
22	22	KB2-R	DI RD100	Submixer			22	22	IEM3 R	
23	23	EG-1	SM57		Short Boom		23	23	Stage MON	Wedge x4
24	24	AG-1	DI RD100				24	24	EFX	
25	25	EG-2	SM57		Short Boom					
26	26	AG-2	DI RD100						Aviom A16II	Aviom A16II
27	27	Guest-AG	Shure UR1 / GT line-in				1	Drum MIX L		1
28	28	Guest-SAX	Shure UR1 / DPA 4099S				2	Drum MIX R		2
29	29						3	KB1 Mix L		3
30	30	BV-1	Shure SM58s		Tall Boom		4	KB1 Mix R		4
31	31	BV-2	Shure SM58s		Tall Boom		5	KB2 Mix L		5
32	32	BV-3	Shure SM58s		Tall Boom		6	KB2 Mix R		6
33	33	WL-1	Shure UR2 / Beta58				7	PGM L		7
34	34	WL-2	Shure UR2 / Beta58				8	PGM R		8
35	35	WL-3	Shure UR2 / Beta58				9	BASS		9
36	36	WL-4	Shure UR2 / Beta58				10	GT-1		10
37	37	WL-5	Shure UR2 / Beta58				11	GT-2		11
38	38	WL-6-(自帶)					12	BV-1		12
39	39	WL-7-(自帶)					13	BV-2		13
40	40	WL-8-(自帶)					14	BV-3		14
41	41	PGM-1-Loop	DI RD100				15	Artist		15
42	42	PGM-2-Loop	DI RD100				16	Click / Cue		16
43	43	PGM-3-String	DI RD100							
44	44	PGM-4-String	DI RD100						Monitor Cue	Monitor Cue
45	45	PGM-5-Chorus	DI RD100				L	Wedge	Speakerx1	L
46	46	PGM-6-Chorus	DI RD100				R			R
47	47	XXX (Legacy talkback)								
48	48	XXX (Legacy talkback)							AVIOM users	AVIOM users
	49	Audience-1	PG81	MON ONLY	Tall Boom			Name		
	50	Audience-2	PG81	MON ONLY	Tall Boom		1	Drum		1
	51	MON talk	SM58s	MON ONLY			2	Bass		2
	52	KB1 Cue Mic	SM58s	MON ONLY	Tall Boom		3	KB1		3
	53	Drum Click	DI RD100	MON ONLY			4	KB2		4
	54	PGM-7-Click	DI RD100	MON ONLY			5	GT1		5
	55	PGM-8-Artist Cue	DI RD100	MON ONLY			6	GT2		6
	56	PGM-9-Vocal Guide	DI RD100	MON ONLY			7	PGM		7
							8	Choir1		8
							9	Choir2		9
							10	Choir3		10
							11	Monitor Engineer		11
							12			12

圖 4-2-6

除了樂器配置和需求之外，通常還會有場館相關平面圖、立體圖表，還有舞台上樂手的位置圖，這些前置作業的完備都是為了工作團隊在架設舞台、燈光、音響時，能按圖索驥的依據。

圖 4-2-7 是場館平面圖的範例：

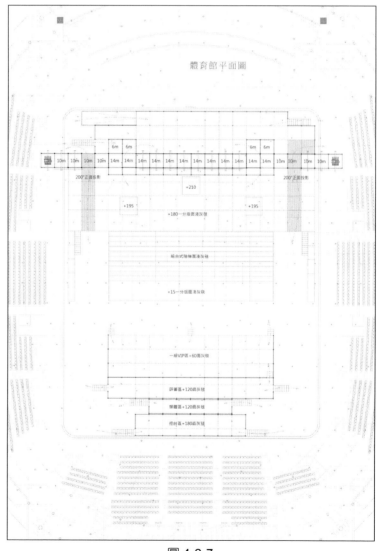

圖 4-2-7

圖 4-2-8 是舞台正視圖範例：

圖 4-2-8

圖 4-2-9 是舞台平面圖範例：

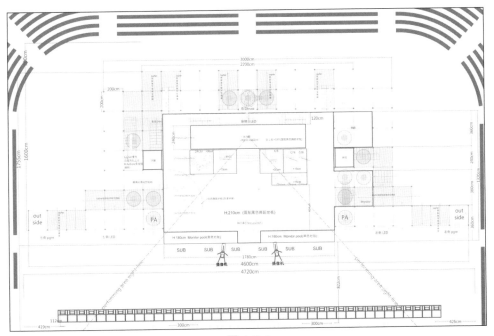

圖 4-2-9

圖 4-2-10 為舞台樂器配置詳細圖：

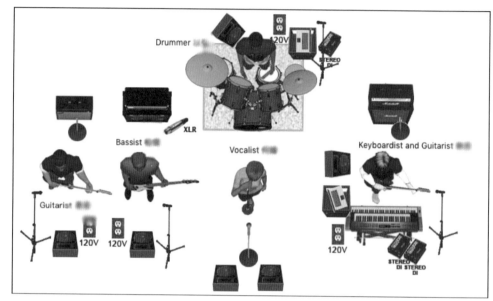

圖 4-2-10

以上就是演出活動前置作業的各種圖表，這些是身為系統規劃者的音響公司或是音響系統設計師一定要能讀懂的東西。前置作業雖然繁複，但是有了這些足夠詳細、完整的文件圖檔，工作團隊在進行這些大型演出工程安裝的時候，心裏能更踏實，也減少做白工、浪費時間的機會。

三、系統設計規劃

除了知道業主的需求、場地的性質之外，還要對自己的設備，包括：音響控台、後級擴大機、喇叭揚聲器、等等有充分的了解，才能規劃出好的音響系統。

像是參考喇叭揚聲器的原廠數據——涵蓋角度、最大聲壓級、靈敏度等等，再配合觀眾人數、音響需求等數據，設計出滿足需求的音響系統。

因應現代科技的進步，除了用紙筆計算數據之外，市面上有越來越多的音場設計模擬軟體，可以配合各家廠牌的喇叭官方數據和現場的平面或立體圖，繪製出現場的模擬音場圖，利用這個模擬圖，決定架設時的初步喇叭角度、擺位，現場用聲學軟體測量後再做細修。

圖 4-2-11 和圖 4-2-12 為音場模擬設計軟體範例：

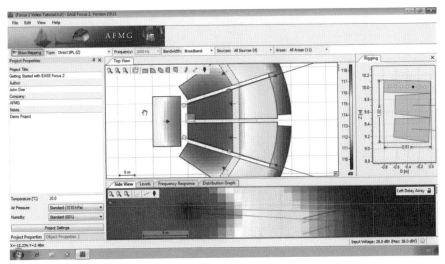

圖 4-2-11

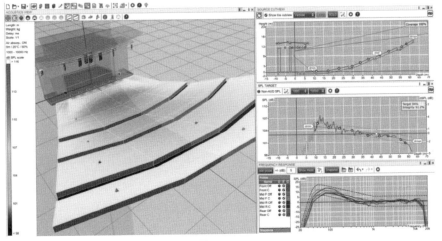

圖 4-2-12

圖 4-2-13 為聲學測量軟體範例：

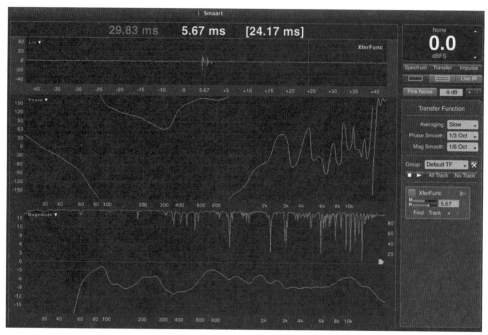

圖 4-2-13

在經過完整的設計、測量、調整後，若音響系統有符合需求，就可以將系統交接予負責執行活動的音響工程師和技師，雖然已經完整交接，但時常音響公司還是要在現場待命，以免器材設備有問題，或是活動執行的工程師對公司設備有使用上的問題，需要隨時進行技術支援。

音響系統設計規劃，是擴聲音響領域中最科學理性、也最困難的一環，在本課程中，我們只會帶領大家簡單認識其工作流程和基本概念，在這個領域中，永遠都有探索不完的知識和技術。目前流行音樂活動最常見的還是雙聲道立體聲音響系統，但漸漸地，音響科學發展出了多聲道環繞的技術，包括 5.1、7.1 聲道等等，或是最新的趨勢「沉浸聲系統」，利用多聲道喇叭系統設計和聲學測量，提高人們的聽覺臨場感和更高的享受層級。在未來的未來，這些科技會不斷地推陳出新，我們要時時提醒自己永遠不要忘記學習新知。

4-3
樂器及收音方式

一、常見流行樂器介紹

A. 爵士鼓組 Drum Kit

圖 4-3-1　爵士鼓組

爵士鼓組是流行音樂編曲中最重要的節奏樂器，通常負責穩定、帶動整個歌曲的韻律和節奏。爵士鼓組的組成如下：

大鼓 Kick Drum / Bass Drum：是鼓組中最大的鼓，直徑吋數通常從 18 吋到 26 吋不等，吋數越大，低頻共鳴越低沈。流行樂中最常見的是 22 吋大鼓，爵士樂鼓組以 18 吋較常見。大鼓之所以叫做 Kick Drum 是因為大部分的大鼓都是用腳踩踏板連動鼓槌敲擊鼓面來演奏。

圖 4-3-2 大鼓 Outside

圖 4-3-3 大鼓 Inside

小鼓 Snare Drum：直徑吋數從 12 吋到 15
吋不等，最常見的是 14 吋小鼓。小鼓的特
色是它的底部會有一條響線（Snare），可用
來增加音色刺激感和亮度。在一般流行樂編
曲中，大鼓和小鼓是最重要的穩定節奏來
源。

圖 4-3-4 小鼓

通鼓 / 筒鼓 Tom：又稱為 Tom tom，吋數通常從 8 吋到 18 吋不等。通鼓又
分為架設在架子（Rack Tom），如圖 4-3-5，或置放於地面（Floor Tom 又
稱落地鼓），如圖 4-3-6。流行樂編曲中，Tom 鼓最常為鼓組過門橋段添加
色彩。

圖 4-3-5　Rack Tom

圖 4-3-6　Floor Tom

銅鈸 Cymbal：銅鈸是鼓組中聲音最脆亮、穿透的樂器，吋數從 4 吋到 22 吋都有。常見的銅鈸又分為：

腳踏鈸（Hi-Hat Cymbal）：可用腳踏板將上下兩片鈸閉合，以產生不同的音色，流行音樂編曲中，腳踏鈸常作為穩定節奏用。

圖 4-3-7 腳踏鈸

碎音鈸（Crash Cymbal）：利用穿透高亮的音色，凸顯歌曲段落的變換或點綴。

圖 4-3-8 碎音鈸

疊音鈸（Ride Cymbal）：很常出現在
爵士歌曲中的 Swing 節奏，或流行樂
中的過門。

圖 4-3-9　疊音鈸

鼓組的收音：

圖 4-3-10　鼓組收音

雖然目前市面上不斷有電子鼓的推陳出新，但是基於音色、演奏手感的問題，目前演唱會上還是以木造鼓組為主，而鼓組的收音一直都是演出收音中較為複雜的一區塊，因為它是很多種樂器的組合。

以一般大型音樂演出為例，通常大鼓、小鼓、通鼓各別都需要至少一隻的麥克風收音，銅鈸則端看音響工程師的混音需求；腳踏鈸（Hi-Hat）、疊音鈸（Ride）常因編曲需要而獨立收音。

但需注意的是，爵士鼓組幾乎是流行音樂中最大聲的樂器，所以收音與否還是絕對關乎演出場館的大小、音響師需要的音色等等因素。

B. 電貝斯 / 低音吉他 Electric Bass / Bass Guitar

電貝斯是流行音樂編曲中，低音節奏與旋律的橋樑，通常它的拍點節奏緊貼著鼓組，音調卻又直接影響整首歌曲所有旋律樂器的和弦進行，試著把一首舞曲的貝斯從混音中抽掉，律動感將會大不如前。

常見的電貝斯有四條琴弦，其由低音提琴 Double Bass 演進而成，貝斯的發聲原理是彈撥琴弦後由拾音器電路接收聲音，將聲音震動轉為電壓訊號後從 6.3mm TS 導線孔輸出。

圖 4-3-11　電貝斯

電貝斯收音方式：

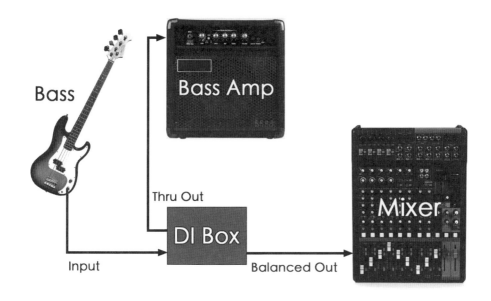

圖 4-3-12　貝斯收音

電貝斯因有導線孔輸出，故能將訊號直接由 DI Box（阻抗匹配器）送至音控混音台，但因普遍的樂手監聽需求以及某些音響師的音色選擇需求，可以從 DI 的 Thru 輸出孔中再輸出一路訊號給電貝斯音箱，此音箱主要為監聽用，視音響師需求做收音。

C. 電吉他 Electric Guitar

由民謠木吉他演變而成，通常有六條琴弦，標準調弦中，音域比電貝斯高一個八度音，在流行音樂編曲中，擔任中高頻主要旋律和弦樂器的角色，在搖滾或金屬樂中常作為主唱之外的主奏樂器。

圖 4-3-13　電吉他

電吉他收音方式：

電吉他的發聲原理和電貝斯相
同，惟電吉他因音色需要，通
常不會直接經由 DI Box 送訊號
給控台，而是將訊號送入電吉
他音箱，經過音箱的音色渲染
後，再透過麥克風進行音箱收
音；現今也很多新穎的電吉他
效果器，利用數位音箱模擬技
術，使電吉他可以不用透過音
箱也可以有類似音箱渲染的音
色。

圖 4-3-14　電吉他音箱收音

D. 民謠吉他 Acoustic Guitar

音域和電吉他完全相同，惟其發聲主要來自本身的木頭箱體共鳴，它的特色是中低頻足夠、中高頻清亮，屬頻率範圍較寬的樂器，可以用於獨奏或自彈自唱類型歌曲。

圖 4-3-15　木吉他

民謠吉他收音方式：

以現場擴聲與方便性來說，通常樂手會於民謠吉他上加裝拾音器，再由 6.3mm TS 導線孔輸出至 DI Box；至於沒有拾音器的民謠吉他，則需要使用麥克風收音。

E. 鋼琴 Piano

鋼琴被稱之為樂器之王，因為它幾乎是音域最寬廣的樂器，從低頻到高頻一次包辦，因此常見到只有純鋼琴自彈自唱的歌曲或是以鋼琴為主要伴奏的歌曲。鋼琴除了流行樂伴奏、主奏之外，各種樂風和不同情緒也都能勝任，是演奏豐富多變性非常高的樂器。

鋼琴又分為平台式鋼琴（Grand Piano）如圖 4-3-16，或直立式鋼琴（Upright Piano）如圖 4-3-17。平台式鋼琴使用較傳統的原始的發聲系統，也就是利用按鍵帶動木槌敲動琴弦發出聲音；而直立式鋼琴的琴弦則是交錯安裝，較為節省空間。而現代又出現了電鋼琴，利用數位科技模擬鋼琴的音色，相較之下最為輕便。

鋼琴收音方式：

電鋼琴通常是以訊號輸出孔將訊號經由 DI Box 或線材直接送至音控混音台；而傳統平台鋼琴或直立鋼琴，則需使用麥克風收音，通常為了音域音色的完整呈現，鋼琴的收音普遍會使用兩隻以上頻率響應較為平坦的電容式麥克風做收音，以完整拾取整台鋼琴的琴弦敲擊音。

圖 4-3-16 平台式鋼琴

圖 4-3-17 直立式鋼琴

F. 合成器 Synthesizer

近代最新穎的流行樂器之一，它能透過模組化的設定和訊號產生器的調整，產生出各種不同千變萬化的聲音，也有透過取樣模擬出接近傳統樂器音色的設計，是利用科技來製造音樂的最佳典範。

合成器通常相同於電鋼琴，使用線路可直接將訊號送至音控混音台。

圖 4-3-18　合成器

G. 弦樂

一把小提琴獨奏時，琴本身所發出來的音量可輕鬆超過 80 分貝。在相對安靜、空間經過設計的演奏環境（如演奏廳中），80 分貝的音量是可以被清楚聽見，不需要額外的擴聲設備。但假如樂手的演奏環境並非傳統的演奏廳，需要搭配其他樂器，或者與其他經過擴聲的樂器在同一個舞台一起演出時，就需要借助拾音器或麥克風，將琴弦震動空氣的能量轉換為電流訊號，使其可以被音響設備放大，或者透過錄音的形式被保存下來。

弦樂收音方式：

貼片式

以類似醫生「聽診器」的方式，收取面板震動後，轉換成電流訊號。這類別的拾音器通常需要在發聲源的位置上找尋適合的音色位置。使用時需注意此類拾音器的訊號輸出較小，需要搭配前級擴大或者是 DI 來匹配阻抗，才能有正確的音量表現。

圖 4-3-19 提琴貼片式收音

壓電型拾音器

顧名思義需要透過琴弦「壓力」變化來產生電流訊號。這類別的拾音器通常會安裝在琴橋的位置，以片狀或長條狀的壓電感應器收取震動。能提供較有力的輸出也保有幾乎不會回授（feedback）的優點，音色上有比較好的穿透力，但因為此類產品壓電材料與收音位置的緣故，會有一個特殊共鳴的頻率。

圖 4-3-20 提琴壓電式拾音器

麥克風

以微型電容麥克風對著琴身收
音，原理是收取聲波透過空氣傳
遞的能量變化，所以聽感上最自
然，但也會同時收到外界的聲
音，在使用上需要針對外部環境
做調整以減少回授與串音的發
生。

圖 4-3-21　提琴麥克風收音

H. 人聲 Vocal

人聲雖然是人發出來的聲音，但於音樂中，也是一種樂器、一種音色，無
庸置疑，人聲是以麥克風進行收音，而它的發聲原理就來自人體聲帶、喉
腔或體內的共鳴加上唇舌牙齒製造不同的音色而成。在使用麥克風時需留
意麥克風的指向性和接近效應，也需注意把麥克風音頭用手包起來對聲音
的頻率響應的影響。也要盡量避免摔到麥克風或用力拍打麥克風。

圖 4-3-22

I. 人聲——合唱團收音技巧：

合唱團收音因為需要大範圍收音，發聲源和麥克風之間存在較大距離，較常使用低阻抗、高靈敏度電容式麥克風收音。它們更善於處理平坦、寬範圍的頻率響應。心形指向為比較適合的指向性。

不同於為每個聲源配備一個麥克風的方式，合唱的擴聲目標是用一支（或多支）麥克風同時拾取多個聲源。很顯然，這樣會產生干擾，因為在同一個場域裡面，較難排除另一支麥克風收到近似的聲音內容，除非遵守了某些基本原則（例如 3：1 原則），對於用一支麥克風收音一個合唱團的情況，建議將麥克風置於合唱團前方正中央 0.6 到 1 公尺處左右，並對準最後一排。

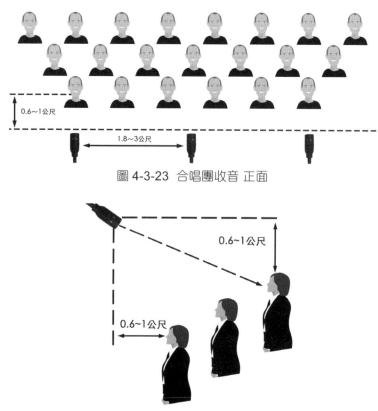

圖 4-3-23 合唱團收音 正面

圖 4-3-24 合唱團收音 側面

重點補充

3:1 原則

所謂的 3:1 原則是為了避免距離單一音源不同的兩支麥克風收到有時間差的聲音所造成的相位抵銷。故當我們在架設收音麥克風時，需注意的是，在同一個音源附近的兩隻麥克風，次要的收音麥克風與音源的距離必須遠於主要麥克風的距離至少三倍。

這樣對於排成矩形或楔形的合唱團，心形指向麥克風的收音範圍約略可以涵蓋 15 - 20 個人聲。對於人數更多或排成其他形狀的合唱組，可能會需要多支麥克風，更寬的覆蓋範圍需要將麥克風放的更遠。要確定多個合唱拾音的位置，請記住以下規則：

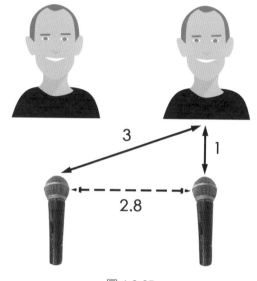

圖 4-3-25

- 遵守 3：1 規則
- 避免多個麥克風收取同一聲源；
- 盡量減少麥克風使用數量。
- 若使用多個麥克風，則目的是將合唱團分為多個拾音區域，每個區域由一支覆蓋。
- 如果合唱團已經存在物理分隔（走廊或包廂），則利用這些分隔確定基本的拾音區域。
- 如果合唱團按聲部分組（女高音、女低音、男高音、男低音），這些也可作為拾音區域分組。
- 如果合唱團縱深很深（超過 6 或 8 排），那麼可進行縱向分區，每區為若干排，並相應調整對準角度。
- 無論如何，麥克風數量是越少越好，而不是越多越好。在音響傳播良好的空間內，使用一對立體聲設置的麥克風可提供逼真的重現。

以上這些原則，大部分是為了避免麥克風重複收音造成的相位抵銷。

以上這些樂器就是現今我們常見於流行音樂中的樂器。課本上並沒有將所有樂器和樂器的收音方式細節講地一清二楚，因為世界上樂器眾多，當你在演出行業中工作，你會發現樂器不斷推陳出新，而選擇收音麥克風和收音位置的原則只有一個：找到樂器最好聽的發聲位置。或是說找到你想要在哪個樂器發聲位置的音色，並完全了解麥克風的指向性、頻率響應等等基本參數。如此一來，當你遇見不熟悉的樂器時，就不會慌了手腳；取而代之的是冷靜分析樂器的音量大小、音色、頻率範圍，利用手中最適合它的麥克風，擺設出最適合該樂器的位置。多練習幾次，必能發現，樂器收音方式其中的奧妙是永遠研究不完的，也是非常有趣的。

4-4
音樂賞析與解說

圖 4-4-1

音響是一門結合工程技術和音樂藝術的產業，足夠工程技術才能做出好的演出活動，但沒有音樂素養和熱情，就無法在混音上登峰造極。

現場演出中，樂器、演出者和音響設備、音響技術人員都是音樂再創作的一環，一個好的音樂演出中這些元素缺一不可。一個好的音響技術人員，除了瞭解本身使用的音響設備器材技術之外，也要有賞析、解析音樂的能力。

在建立正確的聆聽分析習慣之前，我們需要先了解，作為一個現場混音音響工程師，有時候聽歌將不再是單純的享受和放鬆，而是必須全神貫注在音樂中，分析其中的編曲、頻率、不同樂器在歌曲中扮演什麼角色，以及不同歌曲段落中編曲變化等等。以外場音響工程師來說，他最重要的工作並不是發揮自己的創意去恣意修改音樂樣貌，而是盡可能在現場重現原曲，重現演出者、音樂製作人、編曲師、混音師等人在歌曲中的創意。

工欲善其事，必先利其器，在學習解析音樂之前，建議所有以後想從事聲音相關工作的同學，可以選用標準監聽用耳機或監聽喇叭，因為我們的聆聽裝置需要一定平坦程度的頻率響應和足夠清楚的音場定位，才能盡量在耳中忠實重現歌曲混音。

圖 4-4-2 監聽耳機

圖 4-4-3 監聽喇叭

在聆聽一首歌的時候，我們可以將樂器分為幾個大區塊：主要節奏、根音樂器、和弦樂器、主要旋律樂器、次要旋律樂器等等。以流行音樂來說，最常見的分別會是如此：

- 主要節奏：如鼓組，帶動歌曲的律動感和整體節拍，奠定歌曲的速度。想像若歌曲中沒有節奏樂器，將會使歌曲索然無味。
- 根音樂器：如電貝斯，一般是歌曲中音調最低的樂器，有決定歌曲調性和和弦走向的作用。歌曲中若沒有低音根音樂器，將會使混音聽起來飄浮在空中，它就是歌曲的地基、歌曲的下盤。
- 和弦樂器：如吉他，補足根音樂器沒有的中頻、中高頻和聲，使歌曲的聲響更加豐富。
- 主要旋律樂器：歌手、主唱（歌曲中的主角），若沒了主要旋律樂器，會使歌曲沒了焦點，它可說是歌曲存在的意義。
- 次要旋律樂器：如電吉他，與主要旋律樂器做搭配的樂器。有時可以聽到歌手在句跟句的休止中，電吉他彈奏一段旋律做插音；而那段插音也很常深植人心，甚至被當作主旋律的一部分，同樣屬於增加歌曲色彩的樂器。

除了編曲中的樂器角色之外，它們個別的音色也很重要，好的混音作品，不一定會有很多樂器，但每個樂器都會清楚地「站立」在自己該在位置，既不過於突出，又不會過於模糊，而這就牽涉到混音技巧，我們將在後續的章節再做闡述。

而不同音樂風格的歌曲中，樂器的音色和角色定位也會天差地別，舉例來說：爵士樂中的大鼓和金屬樂中的大鼓，兩者的存在感和音色就會有非常大的差別。作為一個專業的音響工作者，我們必須多涉獵廣泛多元的音樂風格，在工作中遇到不同風格的演出者，我們才能更得心應手、也更快速地找到演出者想要的聲音。

音響工作者也能適度了解樂理、和弦和基本編曲、節奏知識，在與演出者溝通時才能更加有效率，彩排、演出也能更順利。

CHAPTER **05**

設備使用與應用

5-1

聲音的數位化

現代音樂製作和聲音處理領域中，已經很少工作團隊使用純類比的方式在工作。但話說回來，到底何謂類比，又何謂數位呢？讓我們來好好認識一下聲音的類比和數位概念。

類比的聲音

類比聲音分佈於自然界的各個角落，任何人耳能聽到的聲音，都是類比的聲音，就算它經過過數位聲音處理器（DSP）的處理，當人耳能聽到它時，它就已經由數位訊號轉換為類比聲音了。

相對於數位聲音訊號有經由轉換晶片量化，類比聲音是完全連續的訊號，沒有數位量化的誤差，故在理想狀態下，類比訊號的解析度無限大。在訊號傳輸上，類比訊號較數位訊號易受雜訊干擾，長距離傳輸易有訊號耗損。

數位訊號

類比轉數位轉換晶片（Analog-to-Digital Converter），簡稱 ADC，類比訊號藉此進行量化（Quantization），從連續訊號轉換為離散訊號，記錄成二進位的數位形式，方便傳輸和電腦處理器運算。

聲音領域中最常見的類比轉數位量化是脈衝編碼調變（Pulse-code modulation），簡稱 PCM，PCM 轉換量化又牽涉到幾種不同的轉換規格：

一、取樣頻率 Sample Rate

每秒對類比訊號的採樣次數，取樣次數越大，數位檔案越大，理論上對類比聲音的還原度也更高。以下是幾種數位載具中常見的取樣頻率：

取樣頻率	數位載具
44100 Hz	CD、VCD
48000 Hz	DVD、DAT、電影與唱片主流規格
96000 Hz	DVD、HD-DVD、藍光光碟、高品質影音規格
192000 Hz	DVD、HD-DVD、藍光光碟、高品質影音規格

圖 5-1-1 表示取樣頻率：取樣頻率越高，則採樣點越密集，也越接近波形。

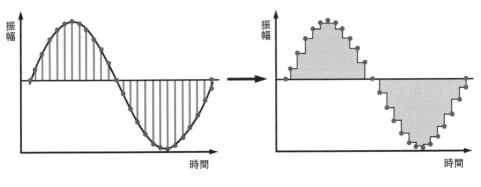

圖 5-1-1

二、位元深度 Bit Depth

類比訊號轉換為數位訊號時的量化精度，位元深度越高，數位音訊能得到越高的動態範圍（Dynamic Range），數位檔案也越大。目前常見的位元深度分為：16Bit、24Bit、32Bit 浮點運算 Floating Point 等等。

16Bit 位元深度音訊有 96dB 的動態範圍。

24Bit 位元深度音訊有 144dB 的動態範圍。

32Bit 浮點運算音訊理論上雖有 1680dB 的動態範圍,不過其仍在 24Bit 的架構下運行。

圖 5-1-2 表示位元深度:以 4Bit 位元深度為例。

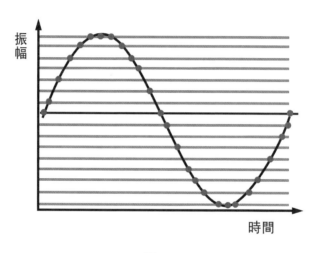

圖 5-1-2

三、類比與數位訊號的比較

除了上述的 ADC 之外,同理,也有 DAC(數位轉類比轉換晶片)。AD/DA 晶片存在於數位音響控台或是錄音介面(Audio Intrface)之中,甚至在一般手機上也有基本的 AD/DA 晶片。除了上述的數位量化規格之外,轉換晶片的品質好壞和音訊品質的好壞也有直接的關係。

類比訊號優點

- 在訊號處理端較不易有因 AD/DA 晶片和 DSP（數位處理器）數位處理造成的音訊延遲。
- 理論上類比訊號的解析度為無限大。

類比訊號缺點

- 類比訊號在長距離傳輸上較為困難，訊號易受外部雜訊干擾、訊號易損耗。
- 不易儲存和電腦運算。

數位訊號優點

- 易於長距離傳輸，且傳輸成本較低。
- 易於儲存和電腦運算。
- 提供遠端協作的便利性。

數位訊號缺點

- 在訊號處理端較容易有音訊延遲。
- 數位設備傳輸間需有時脈（Clock）的資料同步，來穩定取樣頻率，否則易有數位抖動（Jitter）雜訊產生。
- 若量化檔案規格不佳，易造成音訊失真。

由於數位音訊的便利性高、非常易於傳輸和處理，目前專業聲音工作領域在檔案儲存和訊號處理幾乎都是使用數位音訊，但類比和數位到底孰優孰劣，一直都沒有一個定論，一切都取決於聲音工程師個人的喜好和選擇。

四、數位音訊檔案格式介紹

類比訊號轉為數位訊號後，有各式各樣的數位音訊檔案類比，有的是檔案較大、但音質較無失真；有的是檔案較小、利於儲存傳輸，但音質較為失真。以下我們介紹幾個常見的檔案格式：

無損音訊格式

1. WAV：Wav 檔案是最常見的無損音訊格式，由微軟（Microsoft）公司主導開發的一種無損音訊檔案格式，Wav 檔案支援多種壓縮格式及演算法，也支援多種不同的取樣頻率、位元深度和音軌數。雖有以上優點，但其是檔案較大的無損音訊格式。Wav 檔是專業聲音工作領域中最常見的檔案格式。

2. AIFF：AIFF（Audio Exchange File Format）是由蘋果（Apple）公司主導開發的音訊檔案格式，同 Wav 檔一樣為無損和無壓縮的格式。

3. FLAC：Flac（Free Lossless Audio Codec）是完全開放原始碼的無損的壓縮音訊格式，檔案較 Wav 檔小，但卻同樣能完整還原無損的音質。

有損檔案格式

1. MP3：Mp3（MPEG-1 Audio Layer3），由於其檔案小，非常易於傳輸和儲存，Mp3 是現今最為流行的音訊檔案格式，位元速率（Bit Rate）從 96kbit/s 到 320kbit/s 都有，越高的位元速率、檔案音質越好、檔案也越大。

2. WMA：Wma（Windows Media Audio）：由微軟（Microsoft）公司主導開發的一種有損音訊檔案格式，壓縮效率較 Mp3 高，值得一提的是，它同時也支援 DRM（Digital Right Management）數位版權機制，可限制檔案播放時間、次數以及限制複製，有效杜絕盜版。

3. AAC：Aac（Advanced Audio Coding），Mp3 的下一代檔案格式，壓縮效率比 Mp3 和 Wma 格式高，也就是說在相同檔案大小下，Aac 能有更好的音質，現今廣泛流行於數位串流音樂。

五、數位音樂載體介紹

▌CD（Compact Disc）

在西元 1982 年前，人們都用磁帶（包含卡式磁帶、匣式磁帶、盤式磁帶）和黑膠唱片作為儲存載體，這兩者不僅硬體空間龐大，音質和保存難易度對於一般消費者也不是很理想。西元 1982 年，飛利浦（Philips）公司和索尼（Sony）公司共同發表 CD，它是最早的數位音樂載體，使用 44100Hz 取樣頻率、16Bit 位元深度的數位量化規格。CD 的出現讓音樂產業大幅改變，消費者可以用更便宜的價格取得音樂，CD 的體積也讓消費者更方便交換和分享音樂。

圖 5-1-3

▌DAT（Digital Audio Tape）

西元 1987 年由索尼（Sony）公司發行的數位音樂載體，其外觀與卡式磁帶機乎一樣，不過其乘載的是數位音訊檔案，其取樣頻率可以選擇為 44100Hz、48000Hz 和 32000Hz，可以說在那個年代是能擁有最好音質的數位音樂載體，當時在全球專業錄音室都蔚為風潮。但因為 DAT 錄音機價格昂貴，使 DAT 未能在全球消費者市場中流行。

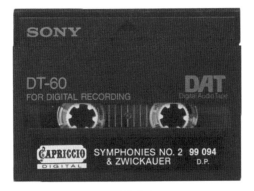

圖 5-1-4

▌MD（Mini Disc）

西元 1991 年由索尼（Sony）公司發表，其硬體大小只有 CD 的四分之一，隔年，索尼公司發行了 MD 播放器，它使 MD 可以重複錄製和讀取，在當時深受消費者喜愛，可惜在 20 世紀初期，MP3 數位格式和 MP3 播放器的出現，因其超強的方便性和親民價格，讓 MD 深受打擊，於音樂產業市場上漸漸沒落。

圖 5-1-5

▌硬碟（Hard Disk）

21 世紀初期，MP3 音訊檔案因其方便性太高、取得也方便，它在全球崛起，藉著網際網路的流行，MP3 音樂讓全球音樂的流通性大為提升，同時間也讓盜版音樂逐漸猖獗。也讓全球消費者聽音樂的門檻大為降低，人們在網路上動動手指，就能聽到最新的流行歌曲。

圖 5-1-6

▌網路串流音樂（Streaming Music）

西元 2010 年代，隨著網際網路科技的成熟、無線網路、智慧型行動裝置的普及，網路串流音樂崛起，人們再也不用自行在硬碟中整理龐大的音樂檔案、播放清單和唱片標籤，只要註冊串流平台會員，下載軟體，連上網際網路，便能享受巨量的音樂和近乎無限的音樂種類，它幾乎終結了 Mp3 音樂時代的盜版王朝，因為消費者能用十分便宜的價錢聽到正版音樂。

串流平台也能藉由搜集會員的聆聽喜好，演算出其喜愛的歌曲，並加以推薦，這也是串流音樂在現代十分流行的原因之一。許多串流音樂平台也提供高音質、無損音質的串流服務，讓音樂的深度愛好者也能適得其所。

圖 5-1-7

六、現今傳輸趨勢：Audio over Ethernet

所謂的 Audio over Ethernet（AoE）顧名思義就是藉由乙太網路路由來傳輸音訊。在以往的專業音訊領域中，類比訊號只能一對一，也就是一條類比線路只能承載一個音軌的訊號。

現今專業演唱會的音響控制混音通常至少會分兩套以上（FOH、Monitor、OB、Live Recording......）都由不同的工程師和不同的混音器在做控制，因此以往演唱會現場總有數不清的多芯訊號線和訊號分配器，當有線材耗損時，查線起來也相當不便。

如圖 5-1-8 在 AoE 技術支援下，只要音響控台間的數位協定是可以互通或互轉的，舞台上的聲音訊號進入前級轉為數位後，就全部經由網路線進行傳輸，既節省走線空間又減少類比線路損壞時的查單線時間。最重要的是，它能有效減少 AD/DA 重複轉換的訊號延遲和數位取樣損耗。

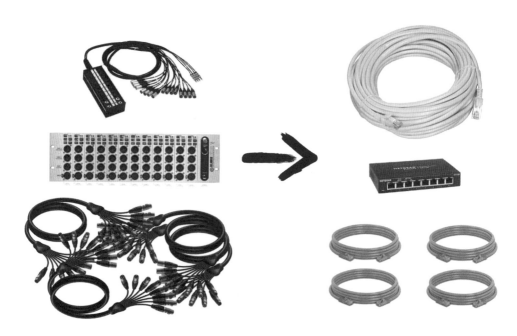

圖 5-1-8

AoE 技術又分為三層不同技術層面的網路協定：

▌第一層

第一層的協定並無使用乙太網路的格式架構，也不會使用本地的乙太網路網域，而是使用其本身的 MAC 媒體存取控制協議，故其需要網路專線進行傳輸。

在專業音響領域中常見的第一層協議有：

AES50：由 Audio Engineering Society（音頻工程協會）所制定的開放數位傳輸協定。

SuperMac：基於 AES50 架構下開發的協定，常見於 Midas 的控台設備傳輸。

HyperMac：基於 SuperMac 架構下開發的協定，能承載更大的頻寬和訊號量。

A-Net：Aviom 公司發行的數位協定，專門用於傳輸其個人監聽系統的訊號。

ULTRANET：由 Behringer 公司發行的協定，專門用於傳輸其個人監聽系統的訊號。

▌第二層

第二層協定將數位音訊用封包在乙太網路格式架構中進行傳輸，第二層架構的網路協定通常能使用網路交換機（Ethernet Hub）進行分配訊號。

在專業音響領域中常見的第二層協議有：

Audio Video Bridging（AVB）：IEEE 1722 版本，早期於專業電視傳播領域蔚為風潮。

CobraNet：幾乎是最早開始在專業音響領域中流行的網路協定。

EtherSound：由 Digigram 公司開發的協定，也是早期流行的協定之一。

SoundGrid：由 Waves 公司發行，常用於軟體插件處理器傳輸。

dSNAKE：由 Allen & Health 公司發行，用於自家音響控台訊號傳輸。

▌第三層

第三層就是現今常見的 Audio over IP（AoIP），此層的協定透過 IP（Internet Protocols）技術，使數位音訊能在一般網域中做傳輸，有效減低音訊網路建置成本，但也因此容易受到既有網域頻寬的限制，故於專業音訊領域中，還是以專門線路較為常見。

在專業音響領域中常見的第三層協議有：

AES67：由 Audio Engineering Society（音頻工程協會）所制定的開放數位傳輸協定。

Audio Video Bridging（AVB）：IEEE 1733 or AES67 版本，常見於 Avid S6L 控台系統傳輸。

Dante：由 Audinate 公司發行，是現今最流行的協定之一，在非常多不同系統中都能發現。

Q-LAN：由 QSC 公司發行，常見於其本身音響系統的整合控制傳輸。

5-2

數位音響控台

何謂數位音響控台？亦即除了類比控台的基本混音功能外，再加入其他類比控台無法使用的功能，例如：

1. 場景記憶（Scene Memory）可在一場節目中不同表演橋段分別記錄不同混音設定，如圖 5-2-1。

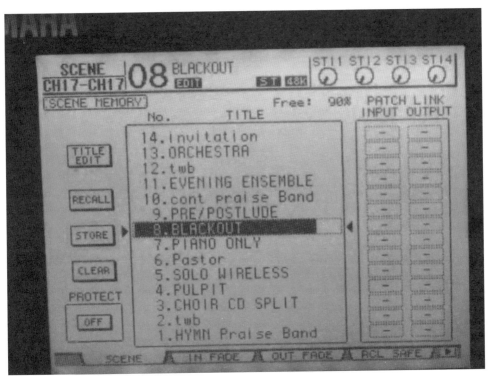

圖 5-2-1 音響控台儲存記憶功能

2. 各種參數設定皆可圖形化幫助快速理解，如圖 5-2-2。

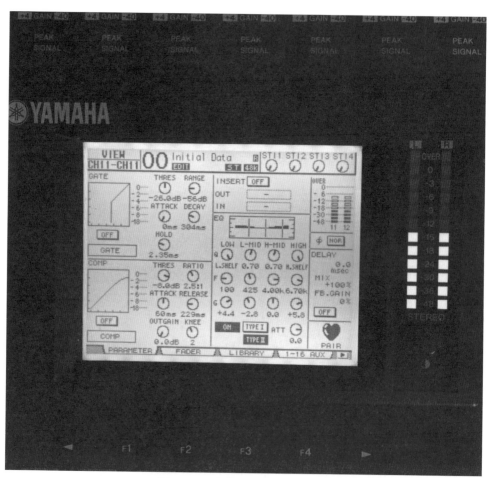

圖 5-2-2 音響控台圖形化介面

3. 各通道迴路間的連接設定（Patch）更加便捷，如圖 5-2-3。

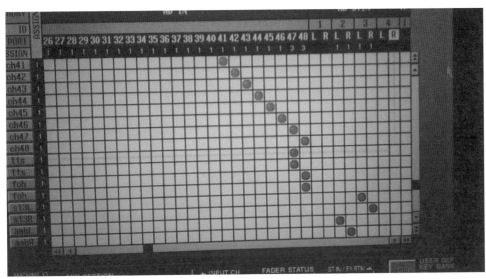

圖 5-2-3 音響控台迴路分配

4. 可直接與電腦錄混音軟體（Digital Audio Workstation，DAW）做連接，並作多軌以上的同步錄音與多軌回放，如圖 5-2-4。

圖 5-2-4 音響控台 Virtual Sound Check

5. 音響控台數位化後，音源與混音機台間傳輸的類比線材長度可大幅度
   縮短，減少被干擾的機會，音源經過前級放大和類比轉為數位後，透
   過 AoE 技術經由光纖線或乙太網路線連接回混音機台作混音操作及
   控制，如圖 5-2-5。

圖 5-2-5 Allen-Heath-QU24-Mixer-Audio-Hire-JP-Light-Sound-Adelaide-1

圖 5-2-6 為數位控台基本架構的示意圖：

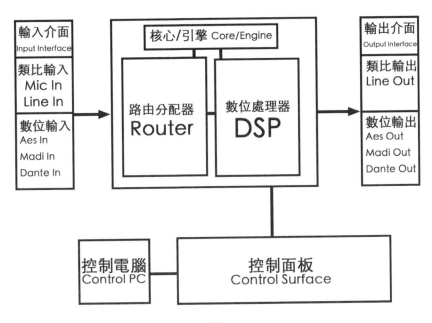

圖 5-2-6

以下介紹多台業界常見的數位混音機

- YAMAHA O1V96

圖 5-2-7

- Behringer X32

圖 5-2-8

- Allen and Heath SQ7

圖 5-2-9

- AVID Venue Profile

圖 5-2-10

- AVID S6L-32D

圖 5-2-11

- Digico SD7

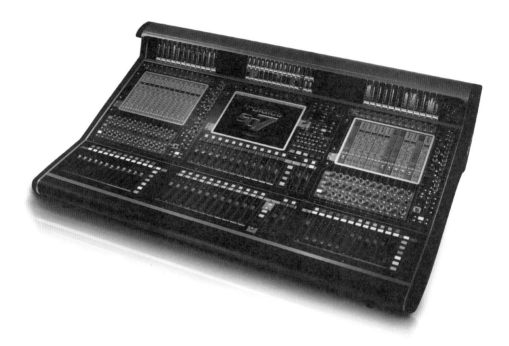

圖 5-2-12

- Solid State Logic L550

圖 5-2-13

- MIDAS Heritage-D HD96

圖 5-2-14

5-3

基礎混音工作

如同第四章第四節中所述，音響工程師們要養成常常聆聽各種不同風格樂曲的習慣，除了分析編曲中的樂器角色之外，也要更加認識不同樂器的分布頻率，才能在從事音控工作、進行混音或 Sound Check 調音時，有更好的工作效率。

圖 5-3-1 混音示意圖

在執行混音工作時通常會有下列步驟：

一、了解音場

若非是在標準錄音室混音，到一個場地中，最先要觀察的就是場地的 RT60 殘響時間和反射情形，可以在場地裡走一走，了解整個場地的音場有助於現場混音時對觀眾聆聽狀態的理解。

二、解析音源

假設一個舞台上有這些樂手及樂器在表演，在混音前，先試著完全熟悉這個表演的型態和不同樂手、樂器在音樂中擔當的編曲角色和頻率分布。也可以將聲音分類，節奏類樂器（鼓組、貝斯、打擊樂⋯⋯），旋律類樂器（人聲、吉他、弦樂⋯⋯）。圖 5-3-2 提供樂器頻率表當參考，圖中的頻率分布並不是絕對值，請作為基礎參考即可。

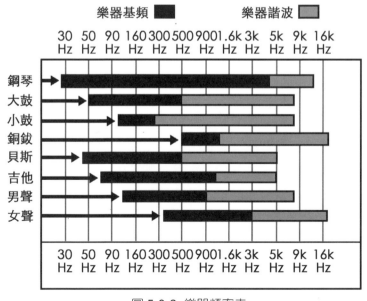

圖 5-3-2 樂器頻率表

三、平衡音源

1. 利用濾波器（Filter）和等化器（Equalizer）拆分樂器頻率，避免不同樂器在同一個頻段間打架，造成聲音混濁。

   如圖 5-3-3，常見的濾波器又分為高通濾波器（Low Cut Filter / High Pass Filter）和低通濾波器（Hi Cut Filter / Low Pass Filter），高通濾波器就是將選定的低頻率等比例衰減，反之，低通濾波器則是將選定的高頻率依等比例衰減。

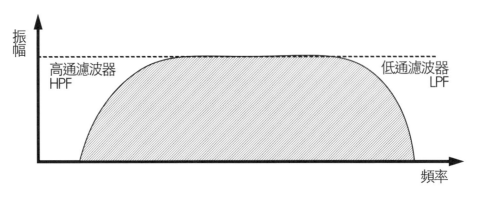

圖 5-3-3 濾波器

   這類的濾波器常用在聲音頻率範圍沒那麼寬廣的樂器，將不必要的頻率濾除，有效避免不同樂器間的麥克風串音和環境噪音。

   高通和低通濾波器著重在高低頻率的濾除，等化器則著重在特定頻率的增益或消減。一般分為參數型等化器（Paramatric Equalizer）和圖形等化器（Graphic Equalizer）。

如圖 5-3-4，參數型等化器通常有這些參數：指定的頻段（Frequency）、增益或消減量（Gain）、頻段作動斜率 Q 值（Q Factor），但參數型等化器通常能使用的頻段數較少，常用於單一音源音色修飾。

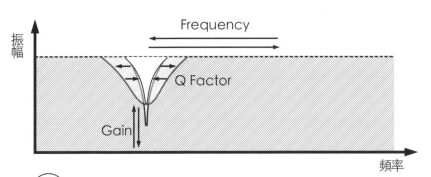

Gain：增益衰減量

Frequency：指定頻率

Q Factor：作動斜率(Q值)

圖 5-3-4 參數型等化器

圖形等化器則是頻段數量多，但不能調整細部頻段和作動斜率。

圖 5-3-5 圖形等化器

2. 利用動態處理器有效控制聲音訊號，避免樂器本身因為過大的動態影響整體混音平衡。

動態處理器又分為壓縮器（Compressor）、限制器（Limiter）、噪音門（Noise Gate）、延伸器（Expander）等等。

- Compressor：將聲音動態適度壓縮，訊號量超過指定閾值時，按比例壓縮。
- Limiter：將聲音動態做較大壓縮，訊號量超過指定閾值時，按最大比例壓縮。
- Noise Gate：濾除過小聲音（如雜訊），訊號量未超過指定閾值時，按設定量衰減。
- Expander：壓縮過小聲音，訊號量未超過指定閾值時，按比例壓縮。

動態處理器參數介紹

閾值（threshold）：目標訊號量的臨界值，當訊號量越過此值時，動態處理器開始作動。

比例（Ratio）：動態處理器壓縮或衰減的目標比例值。

啟動時間（Attack）：訊號量越過閾值後，處理器開始作動，到目標比例值的時間。

釋放時間（Release）：訊號達到目標比例值之後，到完全恢復的時間。

圖 5-3-6 為動態處理器壓縮比例圖解（以壓縮器 Compressor 為例）。

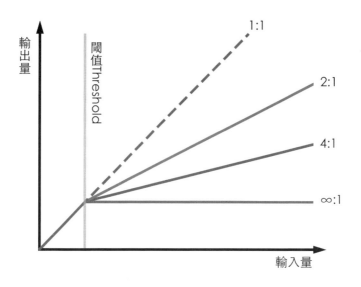

圖 5-3-6　壓縮比例

除了以上的等化器和動態處理器之外，在立體聲混音中也常利用 Pan pole 音像定位將樂器定位在不同音像位置，有效增加不同樂器的分離度。

大家可以想想，一個 full band 樂團配置中，各種樂器的音像位置應該在哪裡？為什麼？樂曲中的主角要在歌曲中最突出，流行樂中的主角通常是主唱，就常見到將主唱的音像置於立體聲混音的最中間。

利用上述的等化器將頻率修整乾淨；用動態處理器將各個樂器和音源控制於穩定的動態中，將樂曲中的主角與配樂做完美的平衡，而不是一昧地將主角音量推大。

四、添加效果

除了以上幾點聲音的調整之外，在混音中加入效果能讓聲音更自然，並且增加音樂的張力，讓原先已經悅耳的混音內容更上層樓。

常見的效果器有：

Reverb（殘響）：模擬聲音在場所中的反射和反射數次後的殘餘聲音，為聲音工程中最常用的效果，世界上幾乎處處都有殘響，除了模擬不同場合音場外，也可做為特殊效果添加使用。以下舉例殘響類型：

Hall：模擬音樂廳、禮堂的殘響，音場寬闊，音色自然，就如同音樂廳中的室內樂團透過廳內反射板所發出的自然殘響。

圖 5-3-7　Hall Reverb

Room：模擬一般小型居家房間的殘響，通常模擬音場較小。

圖 5-3-8　Room Reverb

Chamber：模擬一個中小型、但充滿反射牆面的房間，音場不如 Hall Reverb 寬廣宏大和自然，不過充滿十分有特色的反射及殘響音場。

圖 5-3-9　Chamber Reverb

Plate：Plate Reverb 利用一塊鐵板作為殘響的傳導器具，由於固態介質中音速較快，所以在鐵板中能得到更密集的殘響，通常 Plate Reverb 聽起來就如同鐵板看起來一樣，充滿嘹亮的光澤。

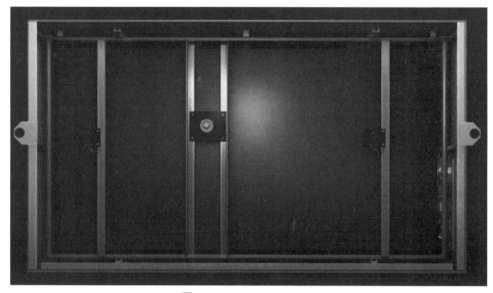

圖 5-3-10 Plate Reverb

Spring：使用彈簧共振傳導製作的殘響效果器，最早內建於管風琴或電吉他音箱內，殘響中聽得到類似彈簧回彈時的共振聲，特色鮮明濃厚。

圖 5-3-11 Spring Reverb

殘響效果器常見參數

Decay 衰變：指殘響在空間中殘留的長度，也就是衰變的時間長度。

Pre-Delay 預延遲：指訊號在效果器中產生殘響前的延遲時間，在模擬音場中類似聲源與反射面的距離。當 Pre-Delay 設為 0 的時候，訊號進入效果器的同時，殘響即會產生。

Mix 混合比例：效果器中，乾濕訊號的比例，乾訊號是指沒有經過效果器處理的聲音；濕訊號是指經過效果器處理後產生的殘響。當 Mix 為 100% 時，效果器後將只有殘響而沒有原本聲源的聲音訊號。

圖 5-3-12 為殘響效果器參數圖解

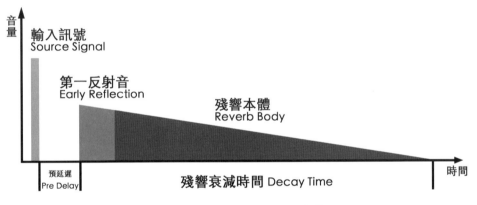

圖 5-3-12 Reverb 效果器參數

Delay（延遲）：將原始波形延遲數個毫秒後，重複播放原始波形，類似於傳統卡啦 ok 的 Echo 效果，常用於模擬場館音場或特殊效果呈現，是聲音工程中很常用的效果之一。

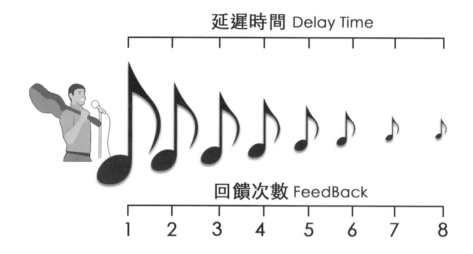

圖 5-3-13 Delay 參數

Chorus（合聲效果）：將原始波形延遲後再與未延遲之波形合併，延遲時間約 10ms～25ms，造成些許相位抵銷和疊加，聲音的厚度也可以增加。

Flanger（搖盤效果）：將原始波形延遲後再與未延遲之波形合併造成抵銷，延遲時間約 10ms 以下，類似飛機飛過的引擎聲，多數用於吉他效果，也可以依不同目的加上，例如用在傳統爵士鼓組上，可以產生電子鼓的效果。

Pitch Shifter（移調效果）：將原始波形依照音程向上或向下做調整，以人聲為例，向上逐步調整可以做出如小孩或者是唐老鴨的效果，向下可以做出如老人或者是豬說話的特殊效果。

OverDrive（過載效果）：創造出真空管擴大機過載時溫暖又富毛邊的音色，是流行電吉他必備的聲音效果，也有人用於讓樂器或人聲在混音中更加突出。

Distortion（失真效果）：是比 Overdrive 更大比例的過載，波形接近方波，過大的失真會使波形失去動態，毛邊和撕裂感更勝於 Overdrive 效果。

混音是一門有很大自由發揮空間的藝術，混音的美感是主觀的，但還是要符合大部分聽眾的美感要求，不管中間用了什麼繁雜或簡單的方式，只要最後混音結果是好聽的，就是好的混音。

5-4
錄音基礎知識

一、音樂錄音種類

錄音室錄音：為了製作專業品質的音樂作品，通常使用的方式為非同步錄音，亦即歌手與各個樂手在不同的時間錄製以取得最乾淨的聲音，且錄製的過程允許 NG 重來，目的是可以反覆琢磨樂句、情緒等等的表現。

現場同步錄音：此種錄音目的在於完整紀錄演出的所有音樂與內容，與演出同時進行，亦即沒有 NG 重來的機會，在這樣的錄音條件之下，演出者的專業品質和穩定性就顯得非常重要。

二、現今主流錄音工具

一個好的錄音場地：無論是合適的空間，或是安靜且聲學設計過的空間。

- 錄音控制室 Control Room。
- 錄音室 Tracking Room，如圖 5-4-1。
- 舞台 Stage（現場同步錄音）。

圖 5-4-1 錄音室

聲音接收設備：針對人聲的不同，使用適當的麥克風；或是樂器的不同，使用不一樣的 DI Box 或麥克風來增強聲音的特色。

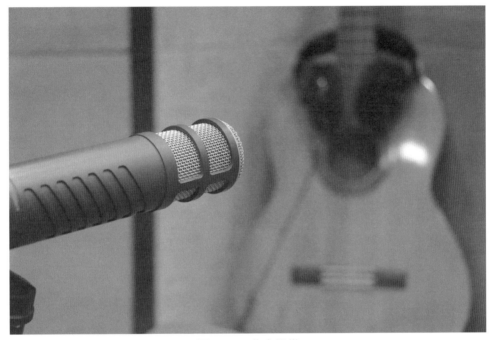

圖 5-4-2　收音設備

訊號放大設備：即便是一樣的麥克風，一樣的聲源，使用不同的麥克風前級（Preamp）仍然會產生不一樣聲音的特色，因此選擇合適的前級放大搭配錄製聲音是非常重要的。

圖 5-4-3

訊號轉換設備：由於現今的錄音多為類比訊號轉為數位訊號進到電腦作儲存，因此選擇好的錄音介面（Interface）或是混音控制台（Mixer Console）進行 AD/DA 類比數位轉換，更有利於訊號之間的轉換與電腦更相容。

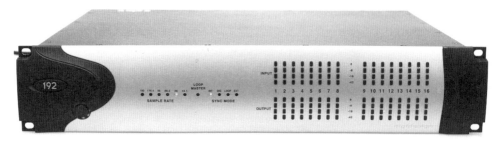

圖 5-4-4

儲存設備：選擇傳輸速度足夠的硬碟（傳統硬碟 HDD 或固態硬碟 SSD），處理資料才不會有因為速度不夠所產生檔案寫入錯誤的情況。圖 5-4-5 為傳統硬碟。

圖 5-4-5

訊號控制與編輯設備：使用好的混音控制台可以幫助錄音師更方便調整聲源本身的進入到電腦的狀態，而錄音師所選擇使用的錄音編輯軟體，專業的說法為「數位音樂工作站」（Digital Audio Workstation，簡稱 DAW）。也因為習慣有所不同而有多種選擇。

圖 5-4-6 訊號控制設備

聲音回放設備：在錄音控制室同時執行錄音且監聽時，監聽喇叭（Monitor）就顯得非常重要，監聽喇叭的選擇是影響錄音師判斷聲音的一大變數，因此不只是選擇昂貴的監聽喇叭，將監聽喇叭擺對位置也非常重要。

圖 5-4-7　近場監聽喇叭

另外也常使用監聽耳機作為輔助聆聽使用，因此了解不同耳機的特性也是專業錄音師可以鑽研的部分。

除了擁有好的工具，搞懂錄音的訊號流向也是一門重要的課題。

在現場錄音的做法上，其實和擴聲 PA 類似，都是經由收音麥克風或是 DI 回到控台，而現場錄音可以就此取用進到控台的資訊來做錄音，亦或是在源頭就將訊號完全的分成兩組，一組針對現場擴音做調整；另外一組則是獨立受到錄音師控制相關的內容，彼此不受干擾。

進入到錄音室的錄音，訊號流的邏輯上大同小異，但細節的配置就有些差距，仍然是要經由麥克風或是 DI 收音，回到控制室裡面的控台或直接進到錄音介面將資訊寫入電腦，然後透過電腦裡面的錄音軟體做出許多不同的迴路，一組迴路送到控制室的監聽喇叭，讓錄音師可以聽到錄音室裡面的聲音；另外幾組則挑選樂手或是歌手想聽的監聽音源將其送回錄音室中的個人監聽系統或是監聽音箱聆聽，在錄音室的環境中，會盡量減少其他的干擾，所以個人耳機監聽系統在錄音室比起監聽喇叭更為被廣泛使用。圖5-4-8 為錄音室訊號基本流程圖。

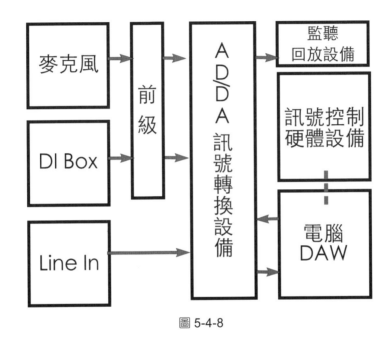

圖 5-4-8

重點補充

近場監聽喇叭及其擺設

早期錄音師和製作人在錄音時，大多依靠內嵌在牆壁上的大型喇叭來監聽，而混音完成的作品再用便宜的家用喇叭或汽車喇叭重複聆聽，作最後的修正。

當時的錄音師們認為，假如在這些品質不高的喇叭上放出來的聲音仍然好聽的話，那麼製作出來的成品在電台播放時，即便是在街上隨處可聽到商家將音樂播放出來的感覺應該也不致於有何問題。換句話說，用低品質的喇叭來模擬大眾實際聆聽的場合。

為了方便起見，錄音室開始採用了小而便宜的喇叭，將他們放在混音座的表頭（Meter Bridge）上，這樣錄音師可以隨時切換嵌牆式的大喇叭和小喇叭作比較，也因此錄音師對小喇叭的依賴愈來愈重，而這種小而便宜的喇叭，就是近場監聽喇叭的前身，進而演變成為今日 Home Studio 流行使用的設備。

近場監聽喇叭有幾個必備條件，平坦寬廣的頻率響應（Flat Frequency Response），線性的相位特性（Linear Phase Characteristics），承受瞬間高峰值聲音（High Peak Level）的能力，理想狀況下，應該還要有避免不正常狀況所造成傷害的保護線路（Protection Circuit）。市面上有許多不同的近場監聽喇叭滿足以上的條件，無論是主動式或是被動式喇叭，都有著聲音表現特性程度上的不同，而察看它們的特性規格表（Specifications）可以更明顯選擇所需要的設備。

使用監聽喇叭時，了解自己的聆聽環境的重要性：

對於一個具有專業知識的錄混音師而言，熟悉自己的聆聽空間是非常重要的課題，即便在非常專業的錄音室環境下，也會因為 Control Room 設計上及喇叭使用上的不同，造成不盡相同的聽覺結果。

對於一個室內空間，監聽喇叭位置主要符合以下原則作擺放，通常擺放在房間的正中央且靠牆為準，不以角落作為優先選擇，左右喇叭與監聽位置呈現一個正三角形，左喇叭與右喇叭距離，等同於兩顆喇叭距離到聆聽位置的距離，圖 5-4-9 為擺放範例：

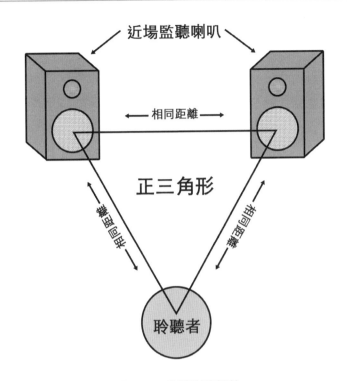

圖 5-4-9　監聽喇叭擺位

當擺放好喇叭位置之後，接著就是要測量房間的頻率響應，這個動作有助於了解這個房間對於聲音而言，在特定頻段上表現得較為強烈或是薄弱，盡量避免因為物理空間的限制而產生的聆聽誤差。

錄音室錄音及現場擴聲的收音差別

先從人聲收音的區別開始談論，在戶外的場合，也就是演唱會或是商演的架構上，歌手常常需要跑到舞台各個角落，或是到台下和觀眾做出互動，因此在常常會移動的前提下，歌手使用無線麥克風的情況就會遠大於使用有線麥克風。然而在大部分的無線麥克風中，多數都是搭配動圈式音頭作使用。針對以上這兩點，現場擴音就和錄音室中選用的麥克風有非常大的差別了。

對於錄音室這樣固定的環境中，有別於現場演出，因為處在幾乎不會出現外在環境聲音影響的情形下，再加上不需要移動，因此通常不會有無線系統的使用，而且在麥克風的選擇上，針對人聲錄音通常也會選擇大振膜的電容式麥克風，這是因為電容式麥克風對於聲音更為敏感，細節的聲音上也會更加的容易被收音，所以在這樣兩種截然不同的環境裡面，光是在人聲收音上就有非常不同的選擇。

再來是樂器的部分，錄音室的環境中，電吉他收音除了可以做麥克風音箱收音之外，也可以使用另外一種稱作 Re-amp 的技巧，將吉他乾淨的聲音先完成錄製，爾後用回放設備輸出回不同的吉他音箱，再用麥克風收取音箱的聲音，讓混音師或製作人有更多不同的音色選擇，這也是在現場演出上比較難以做到的收音區別。換句話說，重點就是不但能夠保留相同的彈奏內容，還能選擇各式各樣不同的音箱並調整音箱的音色。而收錄電貝斯的方式也和電吉他類似。

接著是鼓組收音的部分，有時候會受限於場地或是舞台需求不同，在現場演出上有時會只對大鼓、小鼓、銅拔類做收音；但是在錄音室中，常會盡量做到針對每顆鼓或是每片拔都有單獨的收音，甚至是另外擺設同步錄製錄音室空間聲音（Room Sound）的麥克風，以增加更多後期混音的素材可以使用。

數位音樂工作站（Digital Audio Workstation，簡稱 DAW）

圖 5-4-10

數位音樂工作站起源為 20 世紀 70 年代，直到 80 年代末因電腦的快速發展，使得利用經濟實惠的 PC 個人電腦系統來取代傳統的多軌錄音盤帶機。

DAW 是利用電腦與軟體應用程序進行記錄。最大的功用在於——提供生產音樂、錄製廣播及電視電影聲音後期等，需要聲音製作的需求之下，一個在電腦中可以執行工作的環境。

在 DAW 百花齊放的現今，從免費的一套軟體到要上萬元的 DAW 選擇都非常多，因此對於需要使用 DAW 的使用者而言，最重要的莫過於考量使用需求以及現有設備的限制。比如某些 DAW 只限定在特定作業系統或系統版本中才能使用，甚至有些特定的 DAW 必須要綁定特定廠牌、型號的錄音介面才能夠正常使用，所以在購置 DAW 時一定要注意其所匹配的軟硬體要求。能夠正常使用之後，再來才是針對 DAW 軟體介面使用時的流暢度；或者是在有其他特殊需求的條件下（例如：需要製作出 5.1 聲道的音檔），去作出購置不同 DAW 的選擇。

常見的 DAW

▎AVID Pro Tools

初期為 DigiDesign 公司所發展的 Pro Tools，現為 Avid 旗下之產品。

功能強大但也是屬於價錢昂貴的 DAW，標準版本價格較便宜，但運算方式都是使用電腦的 CPU 做運算，也限制在雙聲道的音檔產出；完整職業版包含了 DSP 運算卡來處理訊號，可以使用硬體中 DSP Technology（Digital Signal Processing）去做運算，減輕電腦 CPU 的負擔，同時也支援高於雙聲道的多聲道音檔產出。

另外此軟體因最早支援匯入 Video 的功能，目前是專業錄音室，全球唱片與電影製作的主流選擇。

▎Steinberg Cubase

發展於德國，初期是純編輯 midi 的編曲軟體，也是最早有自帶軟體音源庫的 DAW，後來加入 Audio 聲音音軌功能，就變成完整可以編輯音軌的 DAW 軟體。

▎Steinberg Nuendo

同 Steinberg 出品，但與 Cubase 有不同的功能性目的，剛開始是以製作 5.1 環繞音響的軟體為設計宗旨（現在的已是 7.1 和 10.2 音軌都能作），但漸漸的演變成為完整的 DAW 軟體，它也有支援 Video 功能，也像 Cubase 一樣有 midi 編輯功能。

▎Apple Logic Pro

最早由德國軟體開發商 Emagic 開發，2002 年蘋果公司將其收購，因而成為蘋果的產品。

Logic Pro 目前只支援在 Mac OS 作業系統上使用，但自帶大量的軟體音源庫是一大特色，且在編曲功能介面上展現對於使用者方便使用的優勢，因此在個人工作室中頗受歡迎。

5-5
多聲道技術的演進

在人類的歷史上，當開始有了人們可以觀賞電影的戲院，最初的音響配置就只有一個單聲道（Mono），也就是所有聲音來自單一喇叭，並將這個喇叭放置在大螢幕的正後方。如圖 5-5-1：

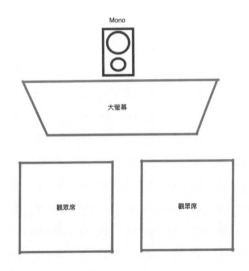

圖 5-5-1 Mono 單聲道音響系統

接著演變成立體聲 Stereo 的音響，也就是現在大家為熟悉的雙聲道，並保留原本中間的 Mono，形成在螢幕後方的左、中、右三邊都有喇叭，且將三個聲源分成三個軌道分別配送，將演員表現中最重要的對話利用中間的置中聲道喇叭清楚地播放，再利用左右聲道喇叭營造電影畫面中的環境聲響，增加聲音畫面的延展性（如圖 5-5-2）。

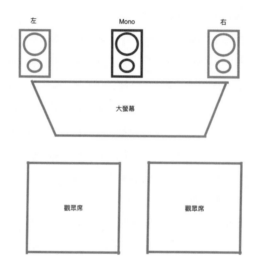

圖 5-5-2 Stereo 雙聲道立體聲音響系統

再來就是為了讓觀眾聆聽有聲音來自四面八方的體驗,而開始有的「環繞聲音」(Surround Sound)的概念:在觀眾席的左、右、後三側的牆壁上加上數顆喇叭。但是在這階段三面牆壁上的聲音,因技術上的限制,環繞的聲音仍然都來自同一個軌道音源,純粹將所有聲音都播送到螢幕後方以外的所有地方(如圖 5-5-3)。

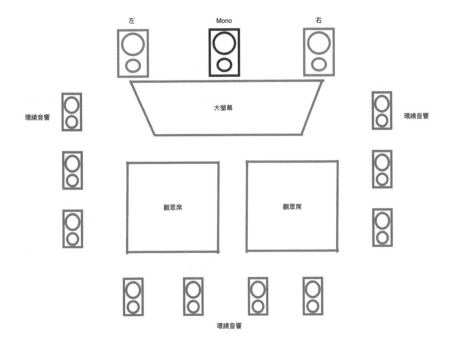

圖 5-5-3 Surround 環繞音響系統

直到技術上的發展來到所謂的 5.1 聲道環繞，也就是在環繞的環境中，喇叭的擺放沿用至上一個階段的環繞概念，但聲音分軌概念上將戲院觀眾席置中切成一半，將觀眾席左邊及左後方的喇叭視為左環繞聲道；右邊及右後方為右環繞聲道，並加上超低音（Subwoofer），營造更為細緻的聲音表現（如圖 5-5-4）。

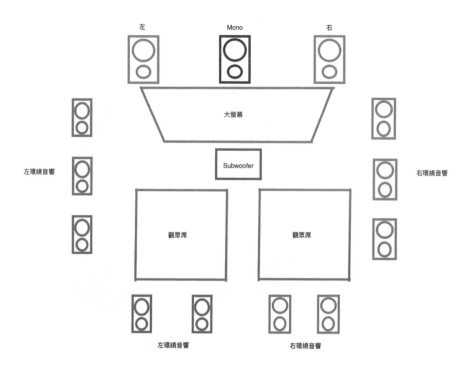

圖 5-5-4 5.1 聲道音響系統

延伸 5.1 環繞的概念，誕生了 7.1 聲道。在聲音環繞的概念上再次將音源切開，觀眾席左邊為左環繞，左後方為左後環繞；右邊為右環繞，右後方為右後環繞，將原本只有左、右環繞兩組變成四組環繞。整體上 7.1 聲道中的「7」代表的就是螢幕後方的左、中、右，加上左環繞、左後環繞、右環繞、右後環繞，而「1」代表的就是超低音（如下圖 5-5-5）。

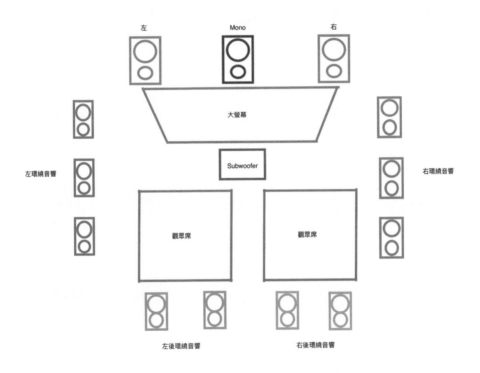

圖 5-5-5　7.1 聲道音響系統

爾後技術發展延展出 9.1 聲道，在螢幕後方的左聲道及中聲道中間，和右聲道及中聲道中間，再加上兩組音源。甚至是 11.1 聲道，在左、右兩側觀眾席之中再加入兩組音源，繼而延續有 13.1 等更複雜的環繞迴路，不斷的在聲音表現技術上做出突破。

對於聲音環繞的體驗，可以想像一台直升機飛過你視線的四面八方，即便是在密閉環境中也會有身歷其境的感覺。技術不斷地突破，為的就是將聲音表現從「點」的感受擴展到「面」的表現。甚至到飛機飛越頭頂，聲音都是從頭上而來的真實感，這就是現近所謂的沉浸聲系統體驗。

要做到完善的沉浸聲音響系統，不只是在喇叭擺放技術上的改變，更是混音系統的技術上做突破，混音師的功力也要與時俱進。

結語

音響在生活中天天都會遇到，從政治人物的掃街競選車，到大型造勢晚會的音響；從街角的廟宇小廟會，到上萬人演唱會的大型系統，這些都是生活中的音響。

擴聲音響是個龐大的市場，因著不同的需求和費用，衍生出千百種不同的音響和聲音科技，有人只要喇叭中的麥克風講話聲音聽得清楚就好；有人想要線陣列喇叭能讓音樂又好聽又大聲，還能將音壓放送涵蓋整個體育館。

不管是哪種音響、哪種喇叭、哪種麥克風，只要有需要音響技術的地方，就會有我們音響技術人員的存在。而不同日新月異的音響技術需求，也促使著聲音科技不斷進步：讓音響工程拉線成本大減的數位化 AoE 傳輸系統、讓系統工程師工作更完善便利的音場模擬設計軟體、現代讓所有從業人員和閱聽眾都耳目一新的多聲道的沉浸聲音響系統。

也許，五十年後的音響設備，已不再是現代的我們能理解的樣貌了。作為音響從業人員，我們一定要秉持學無止境的信念，並且時時刻刻提醒自己，音響技術這門結合藝術的科學，目的終究是為了人們而服務。

此書是介紹音響通識給大家的音響參考書籍，希望大家都能抱著對音響的興趣和熱愛在書中得到收穫。

熱愛音響,不忘初心。

附錄

A-1
有關聲音工程歷史的重大事件演進

1857 年 法國發明家里昂‧史考特發明聲波振記器（Phonautograph）。這是最早的原始錄音機，是留聲機的前身。

1877 年 美國發明家愛迪生發明留聲機（Phonograph）。

1878 年 愛迪生成立製造留聲機的公司，生產商業性的錫箔圓筒唱片商品，留聲機開始普及化。

1885 年 美國發明家奇切斯特‧貝爾和查爾斯‧吞特發明採用塗有蠟層和圓形卡紙板錄音的留聲機（Graphophone）。

圓筒唱片

1887 年 旅美德國人貝林納成功研製出圓片形唱片和平面式留聲機。

1887 年 愛迪生發明錫箔圓筒留聲機。

1888 年 貝林納製造出世界第一張圓片形唱片於美國費城展出發表。

愛迪生圓筒留聲機

1891 年 貝林納研發以蟲膠為原料的唱片，
發明早期唱片的製造方法。

1892 年 貝林納再以水平錄音法推出複製唱
片的技術。

1895 年 愛 迪 生 成 立 國 家 留 聲 機 公 司
（National Phonograph Company）
生產、銷售用發條驅動的留聲機。

蟲膠唱片

1898 年 貝林納在倫敦成立英國留聲機公司並將工廠設在德國漢諾威。

1898 年 丹麥工程師普爾森利用磁性變化原理以鋼琴線製造了錄話機並獲
得專利，也就是 1930 年代鋼線錄音機的前身。

1899 年 奧地利成立 Phonogrammarchiv 是全世界歷史最悠久的聲音研究
保存機構。

1901 年 第一張單面 78 轉唱片（SP）發行。

1906 年 Bartok（1881-1945）出版他與 Kodaly 一起背著剛發明不久的臘管
錄音機（Phonograph），在匈牙利、保加利亞、羅馬尼亞、土耳其
等地奔走所採集的古老民歌集。

1912 年 圓筒式錄音被淘汰。

1919 年 英國人亞瑟‧韋伯斯特發明號角式喇叭。

1919 年 開始有人將電子擴大器（擴大機前身）裝在留聲機上以發出更大
功率。

1923 年　第一本專門討論錄音技術領域的雜誌 Gramophone magazine 第一期出版。

Gramophone 雜誌

1924 年　馬克斯・菲爾德和哈里森成功設計電氣唱片刻紋頭。

1924 年　貝爾實驗室成功進行電氣錄音，錄音技術從此有著大幅度的提升。

1924 年　美國西部電器公司（Western Electric）開始生產電磁式紙盆喇叭。

1925 年　世界上第一台電唱機誕生。

1925 年　電氣科學錄製的唱片上市。

1930 年代以後錄音的技術日益進步。最重要的是可錄的聲音頻率範圍從 100～500Hz 增加到 40～8000Hz 擴大機與喇叭科技也有顯著的改良。

1930 年　英國人艾倫・布魯姆林首次提出立體錄音概念。

世界第一台電唱機

1933 年　美國大學圖書館開始納入唱片收藏。

1935 年　德國通用電氣公司成功研製出使用塑料磁帶的磁帶錄音機。

1944 年　二次世界大戰末期，英國 DECCA 公司發表 FFRR（Full Frequency Range Recording）全音域錄音法將頻率響應擴大為 30Hz～15000Hz 為聲音強化音響系統打下基礎。這是二戰時英國人為偵測德國潛水艇馬達聲而發明的錄音技術，戰後應用於唱片錄音上。

1945 年　德國德律風根公司發明了用金屬結晶塗在紙上的錄音帶，並採用高頻作為偏壓。

1945 年　英國臺卡公司用預加重的方法擴展高頻錄音範圍錄製了 78 轉 / 分的粗紋唱片（StandardPlay，簡稱 SP）。

1949 年　美國 Magnecord 公司開發出一種雙軌式的立體聲錄音機，比第一張商用的立體聲唱片早了近十年。

1950 年　各大唱片公司開始發行黑膠 LP 唱片。

1952 年　紐約的 WQXR 電台開始立體聲的 FM 廣播。

1954 年　法國 Audiosphere 公司發行第一捲商業性的立體聲錄音帶，音響世界正式進入立體聲時代並間接推動了立體聲唱片的發展。

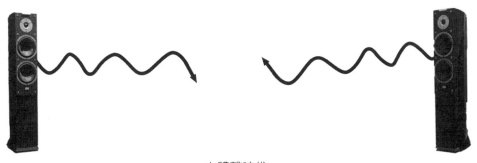

立體聲時代

1958 年　電視發展從 4:3 比例黑白電視時代進入 4:3 比例彩色電視時代。廣播電台也開始不再獨佔娛樂媒體市場。

1958 年　美國電子工業協會 EIA 的 RIAA 委員會，制定了 LP 黑膠唱片的立體聲規格化刻錄方式之後，民生用音響才正式邁入立體聲時代。

1961 年　立體聲廣播技術正式登場，首次廣播進入立體聲的時代。

1963 年　飛利浦分公司 Norelco 推出卡式錄音機，黑膠 LP 唱片的黃金年代漸漸衰退。

1965 年　美國杜比博士發明 Dolby-A 雜音消除系統。

1966 年　Norelco 推出了家庭用卡式錄音座；Ampex 則推出商業用卡式音樂帶。

1970 年　杜比實驗室為解決卡式錄音機的雜訊推出杜比抑噪系統。

1972 年　日本 JVC 和美國 RCA 合作試驗成功 CD-4 四聲道唱片，而日本索尼也和美國哥倫比亞合作研究出 SQ 四聲道唱片。一時之間，四聲道充斥市面，但由於各系統之間不能通用且四聲道對音樂聆賞而言並無太大的幫助，所以沒有流行起來。

1974 年　美國 SNELL 推出多聲道系統觀念，首次與 THX 公司合作開發電影擴音系統。

1975 年　索尼推出 Beta Max，松下推出 VHS，開始兩系統的大戰。錄影帶進入家庭普及化，媒體傳播模式也從大眾市場進入分眾市場。

1977 年　Decca 公司開始嘗試數位錄音計劃。

1977 年　日本推出一種 KARA（空的）OKE（伴奏曲）也就是卡拉 OK，馬上蔚為流行。後來台灣引進這種模式，進而改變了當時台灣 Piano Bar 樂師現場伴奏的生態，爾後才演進成現在 KTV 的模式並風行全球。

1977 年　電影也進入杜比音效時代。

1979 年　第一部杜比數位處理 Dolby Digital 音效機上市，將聆聽效果提升到更高層次。

1982 年 THX 首先在美國名導演和製片喬治盧卡斯要求下研發出 7.1 聲道電影院音效系統。

1982 年 飛利浦與索尼共同推出 CD 唱片並開發了 S/PDIF 數位格式。

1982 年 HDTV 開始建立標準化。

CD

1987 年 MP3 數位聲音檔案格式被開發出來。

1987 年 索尼公司推出 DAT 數位錄音帶。

1987 年 THX 的 7.1 聲道音響系統正式進入家用市場。

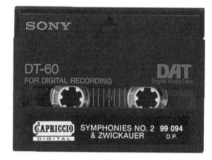

DAT

1991 年 飛利浦推出 DCC 數位卡式帶錄音技術。

1991 年 索尼推出 MD（Mini Disc）。

1991 年 JVC 推出世界首台 16:9 寬銀幕電視正式邁入 16:9 寬銀幕電視時代。

Mini Disc

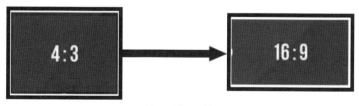

4 比 3 到 16 比 9

1992 年　日本 JVC 推出 Video CD。

1993 年　5.1 系統觀念成熟，音響進入數位多聲道時代。

1994 年　Pioneer 提出 DVD 規格標準。

1999 年　索尼與飛利浦公司繼 CD 的發明之後，再次合作發行 SACD 成功超越了 CD 錄音品質。

2000 年　隨著網際網路的發達普及，以索尼為首的各家公司推出網路音樂下載服務。

2001 年　蘋果公司發行 Ipod 隨身聽播放器用以存儲和播放數位音樂，隨後索尼等公司也推出自家的播放器。數位下載 Mp3 音樂開始普及。

Ipod

2004 年　隨著各家隨身音樂播放器普及及網際網路和記憶體科技提升，數位下載音樂迅速成長，唱片業也開始急速衰退。下載音樂在 2013 年達到巔峰。

2005 年　網路影音平台 Youtube 正式上線。

2008 年　網路串流音樂服務 Spotify 正式上線。

Youtube

2008 年　影音光碟出租零售業者 Netflix 開始發展 OTT 串流視聽服務。

2013 年　網路串流音樂漸漸普及，音樂下載市場產值首度負成長。

2015 年　數位下載音樂的監聽擁護者蘋果
　　　　公司推出自家的串流音樂平台
　　　　Apple Music。

Apple Music

2020 年　嚴重特殊感染性肺炎 COVID-19
　　　　於全球大爆發。大多數國家人民
　　　　陷入長期居家辦公和居家隔離的
　　　　窘境，各大串流影音平台觀看率
　　　　因而大幅成長。

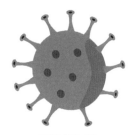

COVID-19

A-2
高中職音響測驗試卷

姓名：_____

一、 是非題

1. （ O ） 5.1 聲道的 .1 是指超低音喇叭聲道。

2. （ X ） 麥克風回授現象通常是因為誤送幻象電源所致。

3. （ X ） FOH Engineer 通常是指涉內場監聽工程師。

4. （ X ） 鋼琴會被稱為樂器之王是因為它的龐大體積。

5. （ O ） 流行樂編曲中最常見的主要節奏樂器為鼓組。

6. （ O ） MP3 為有損數位音訊格式。

7. （ X ） 根據人耳等響曲線研究，低頻比中頻更容易被人感知。

8. （ O ） 大自然中幾乎所有聲音都由一個基頻加上多個泛音所構成。

9. （ O ） 世界上所有人耳能聽到的聲音都是類比聲音訊號。

10.（ O ） 聲音的傳輸需要透過介質震動，故完全真空中是聽不到聲音的。

11.（ X ） 電力系統中的火線通常接向電力迴路中零電位 (0V) 的定義點。

12.（ O ） 理論上並聯電路中任何一點的電壓都是相同的。

13.（ O ） 線陣列喇叭的理論是喇叭堆疊後的相互相位抵銷最小化。

14.（ X ） 喇叭的內部構造中不會有磁鐵出現。

15.（ X ） 音響混音器上的 PFL 是指 Power-Flow-Level 能流準位。

16.（ X ） 動圈式麥克風需要透過音響混音器輸送幻象電源以驅動。

17.（ O ） 音響混音上的 HPF 是指 High Pass Filter 高通濾波器。

18. (O) XLR 接頭可用於傳輸平衡訊號。

19. (X) 碳粉式麥克風是現今最常見的麥克風種類。

20. (O) 近場監聽喇叭是錄音室中常見的聆聽設備之一。

二、 選擇題

1. (A) 音響領域中的 PA 通常為以下何者的簡寫：

   （A）Public Address 公共廣播

   （B）Professional Audio 專業聲音

   （C）Party Audio 派對音訊

   （D）Program Audio 編程聲音

2. (D) 使用擴大機連接推動一支喇叭，且只有下列變因選項的情況下，何
       項的喇叭能接收到最大的擴大機輸出功率：

   （A）Stereo 立體聲輸出

   （B）Stereo 立體聲輸出、但只使用其中一條線芯

   （C）Parallel Mono 單軌並行輸出

   （D）Bridge 橋接單軌輸出

3. (D) 在一般音響系統的訊號流程中，下列順序何者較可能有誤？

   （A）麥克風→訊號分配器→音響控制台

   （B）DI Box →前級放大器→動態處理器

   （C）前級放大器→等化器→電平推桿

   （D）麥克風→被動式喇叭→訊號處理器

4. (B) 下列對於電的解釋選項何者正確？

   （A）電壓的單位為百帕（hPa）

   （B）電流的單位為安培

（C）電功率＝電壓 x 電阻

（D）電阻是指單位時間內，通過線材某一截面的電荷量 ，每秒通過 1 庫侖的電荷量稱為 1 伏特

5. （C）針對準位匹配的敘述下列何者正確？

（A）Line Level 通常小於 Mic Level

（B）Mic Level 也稱為線性準位

（C）Mic Level 通常小於 Line Level

（D）動圈式麥克風輸出的電壓通常位於線性準位

6. （D）針對聲音的頻率，以下敘述何者有誤？

（A）人耳能聽見的頻率範圍是 20～20kHz

（B）60Hz 為低頻，能透過身體共振感覺到

（C）8kHz 為高頻，人聲的唇齒音在此頻段

（D）1kHz 的聲音為超音波，人耳無法聽見

7. （A）音訊領域中，所謂的 ADDA 通常用來指涉以下何者？

（A）Analog to Digital / Digital to Analog Converter 類比數位轉換器

（B）Adda 阿大動態處理器，屬壓縮器中的經典銘機

（C）Audio with Dancer / Dance with Audio 舞蹈音樂播放器

（D）Audio Digital Document Application 數位音訊文件應用程式

8. （D）關於麥克風與拾音指向性 (Polar Pattern)，下列何者為心型指向 (Cardioid)？

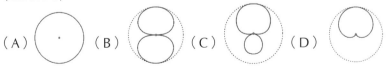

9.　(B)　關於麥克風的接近效應，何者正確？

（A）電線接近麥克風時會產生電磁干擾，造成麥克風損壞

（B）麥克風越接近音源，會有越好的低頻響應

（C）當兩支麥克風太靠近時容易造成電磁雜訊干擾

（D）麥克風太靠近音源時，容易產生音響回受

10.　(A)　在一般演出中，設備的訊噪比：

（A）越高越好

（B）越低越好

（C）0 dB S/N 為最好的無雜訊狀態

（D）S/N 的 S 為 Source

11.　(A)　下列何者為平衡式線材較非平衡式線材不易雜訊干擾的原因？

（A）正負相線雜訊抵銷　　　　（B）線徑較粗

（C）價格昂貴　　　　　　　　（D）音染較少

12.　(D)　以下針對麥克風的敘述何者有誤？

（A）電容式麥克風需要額定電壓供電才能使用

（B）動圈式麥克風的輸出電壓通常會小於電容式麥克風

（C）碳粉式麥克風現今已經不常使用於專業聲音工程領域

（D）鋁帶式與動圈式麥克風的發聲原理相同，僅差別在鋁帶式麥克
風需要額定電壓供電

13.　(C)　根據 3:1 收音原則，以下敘述何者正確？

（A）是指音響擺放位置與收音麥克風之關係

（B）目的是增加麥克風收音的回授機會

（C）目的是減少聲音相位抵銷的機會

（D）目的是增加聲音相位抵銷的機會

14. （ A ）歐姆定律：V = IR，電功率：P = I²R，假設有一電器，額定耗電功率為 250W，輸入電壓為 110V，下列何者最接近其所需電流量？

    （A）2.27A   （B）20A

    （C）2.27mA   （D）240mA

15. （ D ）以下針對幻象電源的敘述何者有誤？

    （A）在某些設備上又稱為 48V

    （B）在平衡式線材中以直流電形式輸送

    （C）通常供電給電容式麥克風或主動式 DI Box

    （D）當誤送幻象電源給動圈式麥克風時會造成麥克風損毀

16. （ A ）當擴大機供電給兩個 8ohm 並聯喇叭時，理論上迴路中的阻抗會變為？

    （A）4ohm   （B）不變

    （C）16ohm   （D）88ohm

17. （ C ）針對喇叭 (揚聲器) 的敘述何者正確？

    （A）被動式喇叭通常會有音量旋鈕和內建音訊處理器

    （B）主動式喇叭不需要另外接電源

    （C）喇叭的承受功率和輸入阻抗是其與擴大機相互匹配時的重要數據

    （D）被動式喇叭通常比主動式喇叭昂貴，因為它一定比較輕

18. （ D ）針對音響用混音器的敘述何者有誤？

    （A）通常也可稱之為音響控台

    （B）在大型流行音樂演唱會中，通常不會只出現一台

    （C）混音器上通常包含前級放大的功能

    （D）音響混音器上通常不包含等化器功能

19. （ B ）針對類比混音器和數位混音器的差別，以下何者正確？

（A）大型類比混音器的聲音品質良好：低頻 Q、中頻穿、高頻透，
屬現今流行音樂演唱會最常見的首選設備

（B）數位混音器場景存檔功能較完整

（C）數位混音器的功能較弱，但價格較便宜

（D）數位混音器通常比較耐用

20. （ D ）下列何者是 DAW 的正確英文釋義？

（A）Disk Audio Workstation

（B）Digital Art Workstation

（C）Dual Account Workstation

（D）Digital Audio Workstation

21. （ B ）以下何者為 800Hz 正弦波的三次諧波？

（A）803Hz　　　　　　　　（B）2400Hz

（C）3200Hz　　　　　　　　（D）24kHz

22. （ A ）假設有一部耗電功率為 2200W 的電器，額定輸入電壓為 110V，請
問他需要輸入多少電流量才能正常運作？

（A）20A　　　　　　　　　（B）200mA

（C）242mA　　　　　　　　（D）24.2A

23. （ D ）以下何者為音響工程師最需要具備的能力：

（A）溝通協調　　　　　　　（B）聲音認知

（C）設備知識　　　　　　　（D）以上皆是

24. （ A ）音響團隊在執行演唱會的音響工程時，應秉持什麼態度：

（A）為了讓演出順利完成，提供專業建議給節目單位做參考

（B）早點下班早點回家，演出成果與我無關

（C）為求有資訊平等的討論環境，要求節目單位先理解所有技術知識，再來開製作會議

（D）音響工程團隊只不過是工人，搬完東西就沒我們的事了

25.（C）以下何者為解決回授的正確方法之一？

（A）將正在回授的 mic 音量推大

（B）將正在回授的喇叭音量推大

（C）將正在回授的 mic gain 縮小

（D）將正在回授的 mic 使用者請下台

26.（C）下列何者非減少相位抵銷的方法之一？

（A）量測不同收音 mic 的距離並添加 Delay

（B）將其中幾個音軌反相

（C）將相位抵銷的頻段用 EQ 增益起來

（D）移動收音 mic

27.（B）以下何者非使用數位混音台的優點？

（A）重量輕、移動方便　　　　　（B）聲音較好聽

（C）網路線連接方便　　　　　　（D）自訂性佳

28.（A）以下何者不是常見的等化器類別？

（A）DEQ　　　　　　　　　　　（B）GEQ

（C）High Pass Filter　　　　　　（D）PEQ

29.（C）針對準位匹配的敘述，下列何者正確？

（A）後級放大器的功用為將麥克風準位 增益為線性準位

（B）HPF 功能可將過大的訊號做衰減

（C）麥克風準位因為電壓過小所以需要增益以利調整處理

（D）一般的電子播放器輸出準位為麥克風準位

30. （ C ）以下何者不是常見的錄音室訊號轉換設備？

　　（A）數位類比轉換器 A/D Converter

　　（B）錄音介面 Audio Interface

　　（C）固態硬碟 SSD

　　（D）數位混音控制器

31. （ D ）以下何者為電路中常見的元件？

　　（A）電阻　　　　　　　　（B）導線

　　（C）電源　　　　　　　　（D）以上皆是

32. （ B ）以下何者為正確的收音原則？

　　（A）不管任何樂器都用無線手握麥克風收音

　　（B）先聽樂器的音色與發聲位置再決定收音位置

　　（C）看別人怎麼收就怎麼收

　　（D）看心情，愛收哪就收哪

33. （ A ）以下何者為 CD 的取樣頻率？

　　（A）44.1kHz　　　　　　（B）48kHz

　　（C）96kHz　　　　　　　（D）192kHz

34. （ C ）當一電器，它的額定輸入電壓為 9V，並需要 500mA 的電流輸入才
　　　　　能運作，請問它的消耗功率為何？

　　（A）50W　　　　　　　　（B）18W

　　（C）4.5W　　　　　　　　（D）45W

35. （ B ）下列哪種環境的音速理當最快？

　　（A）滿天星月的冬天晚上

　　（B）濕熱難耐的夏天中午

　　（C）日全蝕時，地球與月球中間的外太空

　　（D）蟲鳴鳥叫的春天深夜

36.（D）在一個約 50 坪大，高度 3 米，沒有做隔音的白色教室裡，當聽者距離聲源 3 米時，下列何種聲音的音壓通常比較大。

（A）一次反射音　　　　　　（B）殘響

（C）二次反射音　　　　　　（D）直接音

37.（A）聲學殘響參考標準 RT60 的定義為何？

（A）聲源在空間中停止發聲後，到殘響在空間中衰減 60dB 所需的時間

（B）聲源在空間中開始發聲後，到殘響在空間中衰減 60dB 所需的時間

（C）聲源在空間中產生反射後，到殘響在空間中衰減 60dB 所需的時間

（D）聽者在空間中聽到聲音後，到殘響在空間中衰減 60dB 所需的時間

38.（C）下列針對麥克風的敘述何者最為正確？

（A）動圈式麥克風須由後端送電才能運作

（B）鋁帶式麥克風須由後端送電才能運作

（C）電容式麥克風須由後端送電才能運作

（D）動圈式麥克風通常靈敏度最高

39.（D）下列針對等化器的敘述何者有誤？

（A）GEQ 全名為 Graphic Equalizer 圖形等化器

（B）等化器的功能在於調整音源頻率

（C）等化器的功能不包含動態控制

（D）PEQ 全名為 Pre-Fader Equalizer 前端等化器

40.（A）以下何者是廣泛認知的聲音三大要素？

（A）音量、音調、音色

（B）音壓、氣壓、音波

（C）音染、音感、音色

（D）節奏、旋律、合聲

41.（B）人耳能聽到的頻率範圍是？

（A）200Hz～40kHz

（B）20Hz～20000Hz

（C）20Hz～2kHz

（D）10Hz～100kHz

42.（D）在下列何種介質中，聲音傳播最快？

（A）空氣　　　　　　　（B）液態水

（C）真空外太空　　　　（D）水泥地

43.（C）以下聲音頻率特性何者正確？

（A）8kHz 為高頻，指向性弱、能量強

（B）80Hz 為低頻，指向性強、能量弱

（C）1000Hz 為中頻，指向性中等、能量中等

（D）40kHz 為超音波，人耳可以聽見

44.（A）下列何者不是現代演唱會中常見的音響工作職位：

（A）FBI Engineer　　　　（B）FOH Engineer

（C）OB 工程師　　　　　（D）外場混音師

45.（B）針對演唱會同步錄音與錄音室錄音的敘述，下列何者正確？

（A）演唱會同步錄音能夠無限次重錄

（B）錄音室錄音能夠取得較乾淨的聲音

（C）演唱會同步錄音能夠取得較乾淨的聲音

（D）錄音室錄音旨在記錄活動

46.（A）下列何者較可能為訊號進入混音器之後音響師的第一動作？

（A）利用前級增益進行電平零位準校正

（B）等化器音色修整

（C）動態處理器調整

（D）先將監聽喇叭關掉

47.（B）當壓縮器中的 Threshold 閾值設定太低時，較可能發生何種問題？

（A）聲源的波峰變得突出刺耳

（B）聲源失去整體動態

（C）聲源音色飽滿自然

（D）壓縮器過熱故障

48.（D）針對 ADSR 聲音動態過程時間，下列闡釋何者較正確？

（A）ADSR 的 A 是指 Audio —聲音

（B）ADSR 的 D 是指 Delay —延遲時間

（C）ADSR 的 S 是指 Speed —速度

（D）ADSR 的 R 是指 Release —釋放時間

49.（D）兩支麥克風收到有時間差的同一聲源時，會造成何種現象？

（A）聲音變糊

（B）部分相位抵銷

（C）可利用設備添加延遲以減少異相問題

（D）以上皆是

50.（ B ）下列何者是 GEQ 圖形等化器的特性之一？

（A）通常可以調整每一頻段的頻率點（Ex:250Hz 調整為 258Hz）

（B）GEQ 較常使用於音響系統校正、喇叭校正等等

（C）GEQ 的 G 為 Ground

（D）以上皆是

51.（ C ）聲速公式：331＋0.6T(溫度)，假設某活動彩排時為白天，氣溫為 30 度 C，演出時氣溫下降為 22 度 C，不考慮其他因素之下，請問聲速下降了多少？

（A）8m/s （B）349m/s

（C）4.8m/s （D）8.2m/s

52.（ A ）關於麥克風與拾音指向性 (Polar Pattern)，下列何者為全指向 (Omnidirectional)？

（A） （B） （C） （D）

53.（ B ）下列哪一種麥克風通常靈敏度最高？

（A）動圈式麥克風 （B）電容式麥克風

（C）鋁帶式麥克風 （D）一樣高

54.（ B ）針對效果器的敘述，下列何者正確？

（A）OverDrive 比 Distortion 有更高比例的失真，波形接近方波。

（B）當 Delay 效果的 Feedback 開大時，Delay 的反彈次數將會變多。

（C）Flanger 效果為現場混音中最常見的效果

（D）當 Reverb Mix 開到最大時，效果器將只會輸出沒有 Reverb 的聲音。

55. （ B ）下圖是一般的類比混音機輸入音軌的系統方塊圖，請問所謂 PFL(Pre-Fader-Listen) 是指哪一端的監聽訊號？

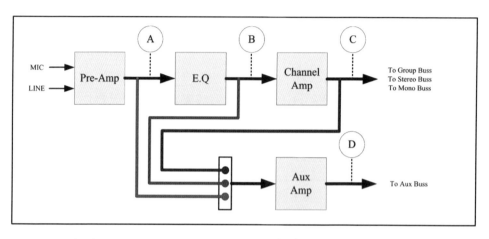

（A）A
（B）B
（C）C
（D）D

56. （ C ）承上題，請問所謂 Post-Fader Aux 是從哪一顏色訊號線拾取訊號？

（A）A 點左側訊號線
（B）B 點左側訊號線
（C）C 點左側訊號線
（D）以上皆是

57. （ D ）下列對於 Compressor 和 Limiter 的敘述，何者正確？

（A）Limiter 多用於保護喇叭設備
（B）Limiter 之於 Compressor 相似於 Noise Gate 之於 Expander
（C）Limiter 的壓縮程度和壓縮速度通常比 Compressor 大
（D）以上皆是

58. （ D ）下列何者非 Reverb 效果器常用的參數？

（A）Decay
（B）Mix
（C）Pre Delay
（D）Foldback

59. （ A ）波長公式：聲速＝波長 × 頻率〈v＝f × λ〉，頻率＝ 1/ 週期
〈f＝1/T〉，當氣溫為 35 度 C 時，請問 80Hz 聲波的波長為何？

（A）4.4m （B）4.5m

（C）4m （D）80m

60. （ B ）針對 Reverb 的分類下列何者正確？

（A）Plate Reverb 是指一種真實音場的模擬

（B）Hall Reverb 是模擬音樂廳或禮堂的音場

（C）Spring Reverb 是針對春天的音場模擬，溫暖而厚實

（D）Room Reverb 以模擬大型音場、殘響悠長著稱

61. （ C ）若將 440Hz 訂為中央 A(A4) 的頻率，高一個八度的 A(A5)，也就是
他的第一泛音，的頻率為何？

（A）4kHz （B）8kHz

（C）880Hz （D）442Hz

62. （ C ）下列何者是電容式麥克風的聲轉電作動方式？

（A）振膜接收聲能，帶動線圈移動，與磁鐵產生電磁感應，產生電
能

（B）振膜接收聲能，帶動電容移動，與磁鐵產生電磁感應，產生電
能

（C）振膜接收聲能，帶動麥克風中的兩片電容隔板移動，距離改變
造成電荷量變化產生交流電能

（D）振膜接收聲能，帶動薄鋁帶移動，進而產生電磁感應，產生電
能

63. （ B ）對於三相電的敘述，下列何者正確？

（A）三組幅值相等、頻率相等、相位互相差 90° 的交流電

（B）三組幅值相等、頻率相等、相位互相差 120° 的交流電

（C）三組幅值相等、頻率相差倍數、相位互相差 120° 的交流電

（D）三組幅值相異、頻率相等、相位互相差 180° 的交流電

64.（C）在音響應用中，前級放大與後級放大的比較，何者有誤？

（A）後級設備通常有較大的耗電量

（B）前級有可能存在於混音控台中

（C）後級的放大幅度與前級放大相彷

（D）後級擴大機又稱為 Power Amp

65.（C）下列何者不是電容麥克風的特色之一？

（A）需要電源驅動

（B）頻率響應通常較動圈麥克風平坦

（C）通常靈敏度低於鋁帶式麥克風

（D）電容的兩片隔板距離改變進而造成電荷量改變、產生電壓

66.（A）如果把電比喻成水，下列何項較有問題？

（A）電阻之於水氣　　　　　　（B）電壓之於水壓

（C）電流之於水量　　　　　　（D）電壓之於水位

67.（C）下列何者為數位混音器與類比混音器的關鍵差異之一？

（A）數位混音器通常沒有等化器旋鈕

（B）類比混音器通常沒有殘響效果器

（C）數位混音器通常有參數記憶儲存的功能

（D）同樣軌道數的數位混音器通常體積比類比混音器來得大

68.（B）下列何者是 PEQ 參數型等化器的特性之一？

（A）無法調整每一頻段的調整寬度

（B）有些設備可以調整不同頻段的頻率選點（ex:125Hz to 500Hz）

（C）PEQ 的 P 為 Public

（D）以上皆是

69.（C）針對各頻率的敘述，下列何者較可能有誤？

（A）10kHz 屬於高頻，銳利感

（B）60Hz 屬於低頻，能透過身體共振感覺到

（C）1kHz 為高頻，人聲的唇齒音在此頻段

（D）1000kHz 為超音波，人耳無法直接聽見

70.（A）下列針對數位聲音取樣頻率的敘述，下列何者正確？

（A）取樣頻率越高，對聲音的還原度越高

（B）取樣頻率無關於聲音的質地

（C）取樣頻率越高，人耳能聽到的頻率也越高

（D）取樣頻率高低與否和數位聲音設備沒有關係

71.（D）針對合唱團收音，下列敘述何者較為正確？

（A）合唱團收音時，越多支麥克風越好

（B）合唱團的隊伍形狀排列與麥克風架設沒有絕對關係

（C）合唱團的聲部式區塊收音建議以動圈麥克風執行，以利收音效益

（D）執行收音時需盡量避免多支麥克風收到同一個音源

72.（D）下列針對指向性的敘述何者有誤。

（A）全指向麥克風較不受近場效應影響

（B）全指向麥克風較不適合用於單點聲源擴音

（C）心型指向麥克風能利用擺位有效隔絕串音干擾

（D）槍型指向比心型指向來得寬闊，適合用於環境收音

73.（C）下列何者不是阻抗匹配器 DI Box 的常見功能之一？

（A）非平衡訊號轉換為平衡訊號

（B）高阻抗轉換為低阻抗

（C）兩聲源時間差校準

（D）預先衰減過大訊號

74.（D）下列何者為 dBV 的參考值？

（A）0.755V （B）1mW

（C）110V （D）1V

75.（B）假設今天的硬體公司出了這些器材：

2 顆最大承受輸入功率 800W 被動式喇叭

1 部耗電功率 800W 的後級擴大機

2 顆耗電功率 200W 的主動式喇叭

1 部耗電功率 120W 的數位控台

4 顆耗電功率 200W 的 LED Par 燈

假設所有設備都是額定 110V 輸入電壓，當場館只有一個 110V
20A 的迴路可以用時，所有設備都滿載的情況下，電源開關是否會
跳掉？

（A）是 （B）否

（C）不一定 （D）以上皆非

76.（D）針對位元深度的敘述，下列何者正確？

（A）位元深度等於取樣頻率

（B）位元深度越高動態範圍越小

（C）位元深度屬於類比聲音的衡量標準

（D）位元深度越高動態範圍越大

77.（D）下列何者不是擴大機與喇叭的匹配的主要依據？

（A）喇叭輸入阻抗 （B）擴大機輸出功率

（C）喇叭承受功率 （D）天氣

78. （ A ）下列何者是動圈式麥克風的聲轉電作動方式？

   （A）振膜接收聲能，帶動線圈移動，與磁鐵產生電磁感應，產生交
       流電電能

   （B）振膜接收聲能，帶動電容移動，與磁鐵產生電磁感應，產生交
       流電電能

   （C）振膜接收聲能，帶動麥克風中的兩片電容隔板移動，距離改變
       造成電荷量變化產生交流電電能

   （D）振膜接收聲能，帶動薄鋁帶移動，進而產生電磁感應，產生交
       流電電能

79. （ B ）針對 Audio over Ethernet(簡稱 AoE) 技術，下列何者正確？

   （A）Audio over IP 不在 AoE 的範疇裡

   （B）Dante 是屬於 Audio over IP 的傳輸協定

   （C）AES50 和 AES67 是指同一種傳輸協定

   （D）AoE 技術雖然能讓音質變好，但會大幅增加拉線成本

80. （ B ）針對平衡 / 非平衡式線材的敘述下列何者正確？

   （A）長距離非平衡式線材雜訊干擾低、串音少

   （B）長距離平衡式線材雜訊干擾低、串音少

   （C）非平衡式線材可傳輸較遠距離

   （D）平衡式線材價格較為便宜

81. （ C ）針對音訊接頭的敘述，下列何者有誤？

   （A）XLR 頭可用於傳輸平衡訊號

   （B）TRS 頭可用於傳輸平衡訊號

   （C）RCA 頭可用於傳輸平衡訊號

   （D）TS 頭不可用於傳輸平訊號

82.（ C ）針對音訊線材的敘述，下列何者有誤？

（A）活動用音響喇叭線通常分為兩芯、四芯或八芯線

（B）三芯訊號線可用於傳輸平衡訊號或是非平衡立體聲訊號

（C）兩芯訊號線可用於傳輸平衡訊號或是非平衡立體聲訊號

（D）平衡線材與非平衡線材相比，能傳輸較遠距離

83.（ A ）針對三相電的敘述，下列何者正確？

（A）三相四線由三條不同相位的火線與一條中性線組成

（B）三相五線由三條相同相位的火線與兩條中性線組成

（C）三相四線接線法中包含地線

（D）三相五線由三條不同相位的火線與兩條中性線組成

84.（ C ）針對音響控台的敘述，下列何者正確？

（A）一般類比音響控台不會有等化器功能

（B）一般數位音響控台不會有動態處理器功能

（C）一般音響控台會有電平推桿（Fader）

（D）音響控台都會有記憶場景功能

85.（ D ）針對音響系統建立的敘述，下列何者有誤？

（A）實施音響配線的時候，需盡量保持線路整齊

（B）架設音響系統時，需注意工作人員人身安全

（C）設計音響系統時，需考慮現場觀眾人數與場館大小

（D）調整音響系統時，不需考慮當下溫度與濕度

86.（ C ）針對流行音樂編曲與樂器定位的敘述，下列何者正確？

（A）電貝斯（低音吉他）與人聲在流行音樂中同屬高音樂器

（B）電吉他在流行音樂中屬於低音樂器

（C）爵士鼓組在流行音樂中屬於節奏樂器

（D）以上皆是

87. （ C ）針對音樂載體數位化的敘述，以下何者有誤？

（A）DAT 的發表晚於 CD

（B）傳統 CD 的取樣頻率為 44.1Hz

（C）MP3 格式音樂的音質遠高於 CD 的格式

（D）MP3 格式音樂的出現對於實體音樂載體產生了巨大的衝擊

88. （ A ）針對前級放大的敘述，下列何者正確？

（A）使麥克風準位提升至線性準位方便後續混音處理

（B）使線性準位提升至麥克風準位方便後續混音處理

（C）將線路中的雜訊濾除以方便後續混音處理

（D）加大所有訊號的音量差異比例，以方便後續混音處理

89. （ D ）下列何者為現場演出混音時常用的設備功能？

（A）等化器

（B）前級放大器

（C）動態處理器

（D）以上皆是

90. （ D ）下列分貝單位的參考值配對何者有誤？

（A）dBu：0.775V

（B）dBV：1V

（C）dBm：1mW

（D）dBFS：1FS

91. （ C ）根據交流電與直流電的敘述，下列何者正確？

（A）USB 5V 電源為交流電

（B）常見的室內牆壁插座為直流電

（C）常見的電池為直流電

（D）直流電經過電器能耗後轉為交流電

92.（ D ）根據收音的敘述，下列何者有誤？

（A）使用 DI Box 是為將非平衡訊號轉為平衡訊號以利長距傳輸

（B）選擇收音麥克風時需考慮各樂器的串音問題

（C）收音以音控師需要的音色為準，但須考量是否影響演奏

（D）收音麥克風一律優先選擇電容式，以取得最高效益

93.（ A ）關於多聲道技術的演進，下列敘述何者正確？

（A）主要為滿足電影戲院或劇場娛樂需求而演進

（B）5.1 聲道系統是使用最少輸出音軌的音響系統

（C）5.1、7.1、9.1 聲道的 1 代表的是指戲院的震動座椅系統

（D）Stereo 代表單聲道音響系統

94.（ A ）下列音響工作人員簡寫及其工作，何者配對較錯誤？

（A）PA：硬體統籌

（B）FOH：外場音控師

（C）Monitor：內場音控師

（D）OB：直播轉播成音師

95.（ B ）針對音響系統設計，何者配對較錯誤？

（A）可使用音壓模擬軟體先行模擬出場地音壓分佈

（B）通常到現場才會知道需要使用多少音響設備

（C）根據場館大小、活動目的來設計符合要求的音響系統

（D）需了解喇叭的涵蓋範圍和發射距離

96.（ A ）針對空間聲學的敘述，何者正確？

（A）反射、折射等等複合現象造成空間殘響

（B）遇到殘響較重的場館，可發射反相聲波來徹底解決殘響

（C）場館殘響越大越能美化歌手人聲效果，增加清晰度

（D）過大的殘響會造成喇叭收到反射音而毀損

97.（ D ）請根據可能的 RT60 建議值，由高到低排序下列場館。

甲：基督教大教堂、乙：演講廳、丙：辦公室、丁：錄音室

（A）甲、乙、丁、丙

（B）丁、丙、乙、甲

（C）乙、甲、丁、丙

（D）甲、乙、丙、丁

98.（ C ）針對混音時用的效果器，下列何者正確？

（A）Reverb 是延遲效果器，用於解決相位抵銷問題

（B）Delay 是殘響效果器，用於強調樂器的存在感

（C）Decay 為 Reverb 常見的主要參數

（D）Delay Time 代表 Delay 的回音彈跳次數

99.（ C ）針對下列樂器的敘述，何者有誤

（A）鋼琴又分為直立式鋼琴和平台式鋼琴

（B）木吉他和電吉他的音域是一樣的

（C）電貝斯和電吉他的音域是一樣的

（D）爵士鼓組是現代流行音樂編曲中最主要的節奏樂器

100.（ C ）下列何者為較正確的對待麥克風方式？

（A）使用時可以用硬物用力敲打麥克風音頭

（B）不使用時可隨意將麥克風放置於潮濕高溫處，因為麥克風很牢固

（C）某些麥克風內部零件較為脆弱，使用時須小心輕放，避免撞擊

（D）以上皆非

Note

隔音艙

跨世代移動隔音艙

隔音艙就像一座行動藝術品，放在任何地方增添時尚感

以房中房的概念構成，結構之間再加上橡膠減震以防止結構傳遞，使用高鐵車廂玻璃、碳複合板達到隔音30db，吸音殘響達0.75秒，空間應用多元，有多種尺寸及顏色可供挑選。

規格

顏色：白色（另有多種顏色選購）

材料:碳塑板、鋼化玻璃、航空鋁材
　　　吸音面板、防震地墊、納米PP飾面

特性:防潮、阻燃及防變形、可移動式的隔音艙
內配100-220v/50Hz和12V-USB電源供應系統
藍芽喇叭/快速換氣系統/LED4000K25W電
燈照明

 台灣艾肯
Taiwan Icon

專線 (02)2653-3215
115台北市南港區南港路二段147號3樓

https://www.coicon.co/

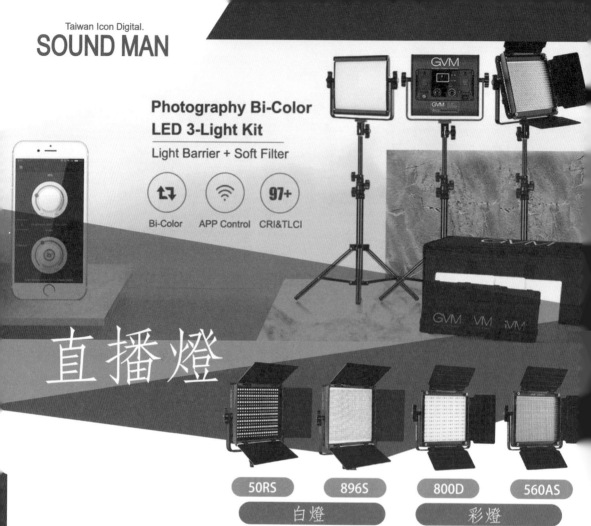

Taiwan Icon Digital.
SOUND MAN

吸音 / 擴散

波浪型擴散板

擴散板

角位低頻陷阱

創造聲活新美學

簡易拆裝 教室活用沒煩惱

吸音板外框使用航空鋁材輕巧防震，內層使用斯里蘭卡奈米級聲學綿，無紡布360度包覆，健康無負擔，通過SGS認證，零粉塵，可自由選擇直角及倒角，且有多種色樣可供自由挑選。

擴散板使用天然橡膠實木，通過SGS認證，簡易安裝，能夠有效吸收空間低頻聲駐波，不損聲能均勻吸收，13種烤漆自由搭配，創造出均衡優雅的環境。

吸音板規格

框體材質：防聲反射設計，防氧化處理，專利模具行材鋁框
環保級別：零排放符和國際EQ環保標準
飾面材質：亞麻雙密度複合聲學布
吸音材質：纖維、純天然環保纖維複合聲學綿
包裝內容物：亞麻雙密度複合聲學布 環保無紡布
　　　　　　環保COIR聲學綿 CNC數控航空鋁材

擴散板規格

產品功能：減少迴響、增加清晰度、調整空間音質、
　　　　　降低噪音、降低噪音
阻燃特性：基材B級
框體材質：防聲反射設計，防氧化處理，專利模具鋁框
環保級別：純天然原木材質自然環保符合歐盟E1環保標準
飾面材質：櫻桃木面、樺木合成基質、PU烤油漆面
吸音材質：複合環保聲學物質
聲學結構：擴散回歸指定空間，吸收小空間角落250HZ
　　　　　低頻聲駐波,同時最大程度降低聲能量耗損
　　　　　20%不對稱寬頻吸收低頻餘量

![icon] **台灣艾肯**
Taiwan Icon

專線 (02)2653-3215
115台北市南港區南港路二段147號3樓

https://www.coicon.co/

股市消息滿天飛，多空訊息如何判讀？

看到利多消息就進場，你接到的是金條還是刀？

消息面是基本面的溫度計

更是籌碼面的照妖鏡

不當擦鞋童，就從了解消息面開始

民眾財經網用AI幫您過濾多空訊息

用聲量看股票

讓量化的消息面數據讓您快速掌握股市風向

掃描QR Code加入「聲量看股票」LINE官方帳號

獲得最新股市消息面數據資訊

民眾新聞網

民眾日報從1950年代開始發行紙本報，隨科技的進步，逐漸轉型為網路媒體。2020年更自行研發「眾聲大數據」人工智慧系統，為廣大投資人提供有別於傳統財經新聞的聲量資訊。為提供讀者更友善的使用流覽體驗，2021年9月全新官網上線，也將導入更多具互動性的資訊內容。

為服務廣大的讀者，新聞同步聯播於YAHOO新聞網、LINE TODAY、PCHOME 新聞網、HINET新聞網、品觀點等平台。

民眾網關注台灣民眾關心的大小事，從民眾的角度出發，報導民眾關心的事。反映國政輿情，聚焦財經熱點，堅持與網路上的鄉民，與馬路上的市民站在一起。

歡迎訪問民眾網：https://www.mypeoplevol.com/

本書如有破損或裝訂錯誤，請寄回本公司更換

作　　　者：中華數位音樂科技協會　著
共 同 作 者：賴坤慶、連豐順、楊維夫、郭遠洲、廖士華
　　　　　　林經宇、張千宇、蘇新平、陳國輝、羅浚洋
助 理 編 輯：連強、廖浩廷
專 案 助 理：蔡亦芸
責 任 編 輯：黃俊傑

董 事 長：陳來勝
總 編 輯：陳錦輝

出　　　版：博碩文化股份有限公司
地　　　址：221 新北市汐止區新台五路一段 112 號 10 樓 A 棟
　　　　　　電話 (02) 2696-2869　傳真 (02) 2696-2867

發　　　行：博碩文化股份有限公司
郵 撥 帳 號：17484299
戶　　　名：博碩文化股份有限公司
博碩網站：http://www.drmaster.com.tw
讀者服務信箱：dr26962869@gmail.com
訂購服務專線：(02) 2696-2869 分機 238、519
（週一至週五 09:30 ～ 12:00；13:30 ～ 17:00）

版　　　次：2021 年 11 月初版一刷

建議零售價：新台幣 350 元
I S B N：978-986-434-922-7
律 師 顧 問：鳴權法律事務所 陳曉鳴律師

國家圖書館出版品預行編目資料

流行音樂專業音響概論 / 中華數位音樂科技協會
著. -- 初版. -- 新北市：博碩文化股份有限公司,
2021.11
　面；公分
ISBN 978-986-434-922-7(平裝)

1.音響

471.9　　　　　　　　　　　　110017214

Printed in Taiwan

歡迎團體訂購，另有優惠，請洽服務專線
博碩粉絲團 (02) 2696-2869 分機 238、519